本书由国家自然科学基金项目（编号：52105450，51605221，51875283）、江苏省高等学校自然科学研究面上项目（编号：21KJB460016）、航空科学基金项目（编号：2017E52052）资助出版。

复合材料钻削
跨尺度数值模拟技术及其应用

刘 勇 李国超 著

江苏大学出版社
JIANGSU UNIVERSITY PRESS

镇江

图书在版编目(CIP)数据

复合材料钻削跨尺度数值模拟技术及其应用 / 刘勇，
李国超著. — 镇江：江苏大学出版社，2022.12
ISBN 978-7-5684-1905-5

Ⅰ.①复… Ⅱ.①刘… ②李… Ⅲ.①航空器－碳纤
维增强复合材料－钻削－数值模拟 Ⅳ.①V261.2

中国版本图书馆 CIP 数据核字(2022)第 245619 号

复合材料钻削跨尺度数值模拟技术及其应用
Fuhe Cailiao Zuanxiao Kua Chidu Shuzhi Moni Jishu Ji Qi Yingyong

著　　者/刘　勇　李国超
责任编辑/郑晨晖
出版发行/江苏大学出版社
地　　址/江苏省镇江市京口区学府路 301 号(邮编：212013)
电　　话/0511-84446464(传真)
网　　址/http：//press. ujs. edu. cn
排　　版/镇江市江东印刷有限责任公司
印　　刷/江苏凤凰数码印务有限公司
开　　本/718 mm×1 000 mm　1/16
印　　张/11.5
字　　数/200 千字
版　　次/2022 年 12 月第 1 版
印　　次/2022 年 12 月第 1 次印刷
书　　号/ISBN 978-7-5684-1905-5
定　　价/59.00 元

如有印装质量问题请与本社营销部联系(电话:0511-84440882)

前　言

　　航空航天产品中的碳纤维增强复合材料(CFRP)结构件与其他航空结构件进行铆接、螺接等机械连接时,通常需要钻削高质量的预制孔,以满足在装配时高精度、长寿命的要求。由于CFRP是由高强度纤维和基体在高温、高压下组成的多相结构,其力学性能由纤维和基体决定,并表观为非匀质性、各向异性、高硬度等特点,切削加工的难度较大,钻削预制孔时容易出现层间分层、毛刺等损伤,从而降低机械连接质量,影响产品的服役性能。采用传统有限元数值分析方法对CFRP结构件的钻削过程进行模拟时,由于对CFRP结构件采用均质化建模方式,仿真模型存在建模精度与计算效率不能兼顾等问题,难以精确模拟孔周出现的毛刺、层间分层等真实损伤状态,以致对CFRP钻削加工中涉及的加工参数、刀具结构等的优化分析不够精确,导致为满足结构件的高精度装配需求而提出的制孔工艺方案的可信度不高。

　　为解决以上问题,本书采用"弹性性能表征→损伤本构建模→数值模拟→实验验证→工程应用"的研究思路,对CFRP在钻削工况下的跨尺度数值模拟技术展开了研究。全书以CFRP结构组成形式、纤维与基体的材料特性为出发点,结合跨尺度数值模拟方法、智能算法,从CFRP的弹性性能表征、动态渐进损伤本构建模、钻削数值模拟分析与评价和跨尺度钻削模型的应用等方面开展了深入研究。

　　本书是近年来南京航空航天大学民用飞机先进装配技术中心与江苏科技大学船舶与海工装备智能制造研究所在复合材料钻削跨尺度数值模拟技术及其应用方面合作研究所取得的成果。本书研究的重点主要包括以下几方面:

　　(1)提出了考虑纤维随机分布的CFRP弹性性能表征方法。该表征方法考虑了纤维在CFRP中的实际结构排列形式,更准确地预测了各项弹性性能参数,尤其是横向弹性模量的预测。

　　(2)建立了基于微观力学失效理论的CFRP动态渐进损伤演化模型。该损伤演化模型实现了CFRP在动态载荷工况下的宏-细观模型中关键信息的共享,在模拟过程中可实现细观模型的实时调用计算。该模型能够直接应用于钻削、碰撞等动态工况下的跨尺度分析。

(3)建立了具有较高仿真精度的CFRP跨尺度钻削数值分析模型。该钻削模型的仿真结果可直接应用于钻削轴向力、预制孔孔周与层间损伤的预测,其建模方式可以迁移到其他切削工艺的模拟。

(4)提出了基于跨尺度模型-神经网络的钻削轴向力预测方法。该方法能够快速且精确地预测针对CFRP层合板钻削中产生的最大平均轴向力,可以将训练完成的神经网络模型直接运用于同类型CFRP钻削预制孔中轴向力的预测。

(5)分析了在纵扭耦合旋转超声振动辅助钻削(RUAD)工艺下CFRP层合板钻削预制孔的损伤抑制机理,提出了高精密制孔的工艺方案。本书揭示的损伤抑制机理可用于分析同类型切削加工的微观损伤;建立的纵扭耦合RUAD工艺下对CFRP层合板钻削预制孔的跨尺度有限元分析模型可应用于其他类型的切削加工分析;获得的最优工艺参数及损伤规律可直接应用于纵扭耦合RUAD工艺对同类型的复合材料的分析。

本书在编写过程中得到了南京航空航天大学机电学院齐振超、陈文亮的指导。本书由国家自然科学基金项目(编号:52105450,51605221,51875283)、江苏省高等学校自然科学研究面上项目(编号:21KJB460016)、航空科学基金项目(编号:2017E52052)资助出版,在此表示衷心的感谢。

本书可为航空、航天、汽车、船舶等高端制造领域从事复合材料加工、有限元分析、高效加工装备研发等的科技工作者提供指导和借鉴,也可作为航空宇航制造工程、机械制造及其自动化和智能制造工程等专业的本科生、研究生和教师的参考书。

尽管作者从事CFRP切削加工理论与技术的研究多年,但水平仍然有限,书中难免存在疏漏之处,敬请广大读者批评指正。

著　者

2022 年 11 月

主要符号说明表

符号	释义	符号	释义
E_{f1}	纤维丝纵向弹性模量	E_1	UD-CFRP 纵向弹性模量
E_{f2}/E_{f3}	纤维丝横向弹性模量	E_2/E_3	UD-CFRP 横向弹性模量
ν_{f12}/ν_{f13}	纤维丝 12/13 平面泊松比	ν_{12}/ν_{13}	UD-CFRP 12/13 平面泊松比
ν_{f23}	纤维丝 23 平面泊松比	ν_{23}	UD-CFRP 23 平面泊松比
G_{f12}/G_{f13}	纤维丝 12/13 平面剪切模量	G_{12}/G_{13}	UD-CFRP 12/13 平面剪切模量
G_{f23}	纤维丝 23 平面剪切模量	G_{23}	UD-CFRP 23 平面剪切模量
X_f^T/X_f^C	纤维丝 X 方向拉伸/压缩强度	X^T/X^C	UD-CFRP X 方向拉伸/压缩强度
Y_f^T/Y_f^C	纤维丝 Y 方向拉伸/压缩强度	Y^T/Y^C	UD-CFRP Y 方向拉伸/压缩强度
Z_f^T/Z_f^C	纤维丝 Z 方向拉伸/压缩强度	Z^T/Z^C	UD-CFRP Z 方向拉伸/压缩强度
S_f^{XY}/S_f^{XZ}	纤维丝 XY/XZ 平面剪切强度	S_{XY}/S_{XZ}	UD-CFRP XY/XZ 平面剪切强度
S_f^{YZ}	纤维丝 YZ 平面剪切强度	S_{YZ}	UD-CFRP YZ 平面剪切强度
E_m	树脂基体弹性模量	S_r	钻头转动速度
ν_m	树脂基体泊松比	S_f	钻头进给量
G_m	树脂基体剪切模量	Ra	表面粗糙度
T_{mi}	树脂基体拉伸强度	D_d	分层损伤系数
C_{mi}	树脂基体压缩强度		
V_f	纤维体积分数含量		

缩略词

缩略词	英文全称	中文全称
CFRP	carbon fiber reinforced plastic/polymer	碳纤维增强复合材料
RVE	representative volume element	代表性体积单元
UD-CFRP	unidirectional carbon fiber reinforced plastic/polymer	单向碳纤维增强复合材料
UD-RVE	unidirectional representative volume element	单向代表性体积单元
MD-CFRP	multidirectional carbon fiber reinforced plastic/polymer	多向碳纤维增强复合材料
MD-RVE	multidirectional representative volume element	多向代表性体积单元
MMF	micro mechanics of failure	微观力学失效理论
SAFs	stress amplification factors	应力放大系数
VUMAT	user subroutine to define material behavior	用户自定义材料行为子程序
CEs	cohesive elements	黏性单元
ANN	artificial neural network	人工神经网络
BP-ANN	back propagation artificial neural network	多层前馈神经网络
RUAD	rotary ultrasonic assisted drilling	旋转超声振动辅助钻削

目　录

第1章

绪　论

1.1　研究背景

碳纤维增强复合材料(carbon fiber reinforced plastic/polymer,CFRP)因具有高结构效率、结构功能一体化等优点,在航空航天、武器装备、汽车等领域得到了广泛应用,其应用量的百分占比已成为衡量新一代航空航天装备先进性的重要标志[1,2]。据报道,目前在我国研制的 CR929 型飞机中固定前后缘、襟翼、副翼等结构处均大量采用增强复合材料,其预期用量比例将达 50%[3]。在飞机的结构中,CFRP 结构件需要采用机械加工方式形成大量的预制孔,以满足与其他航空结构件进行铆接、螺接等装配需求[4]。由于 CFRP 是由纤维丝(增强相)和树脂基体(连续相)组成的多相结构,具有结构非匀质性、材料各向异性、硬度高等特点,所以其材料切削加工难度大,材料去除机理尤为复杂。如图 1.1 所示,在钻削预制孔时极易出现入口处劈裂、出口处撕裂、出口处毛边、微裂纹、层间分离、径向挤伤等损伤缺陷[5,6],这不仅对 CFRP 连接件在拉伸、强度等方面有重要影响[7],而且降低了机械连接质量。广泛采用工艺实验研究需投入大量的人力、物力等资源作为支撑,但研究结果仅能反映规律性的影响,无法从微观层面揭示材料缺陷的形成机理(如毛刺的形成),同时由于 CFRP 结构的多元化以及钻削过程本身伴随着复杂的半封闭式加工,致使对 CFRP 钻削机理的研究存在诸多的难题[8]。

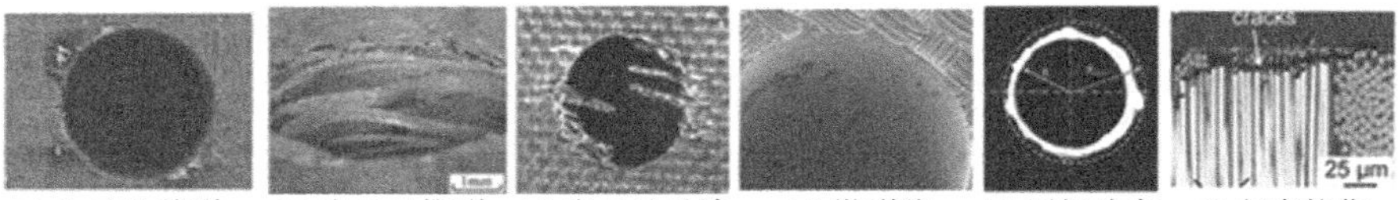

(a) 入口处劈裂　(b) 出口处撕裂　(c) 出口处毛边　(d) 微裂纹　(e) 层间分离　(f) 径向挤伤

图 1.1　CFRP 钻削损伤缺陷

近年来,有限元数值模拟技术因具有可以实现参数(如温度、应力、变形等)的数值可视化、预测材料加工中的表面缺陷、优化钻削加工工艺参数和指导钻削刀具的设计与刀具参数的优化等优点,成为研究 CFRP 制孔缺陷形成机理的重要研究途径[9]。但是,传统的数值模拟方法在对 CFRP 钻削预制孔进行模拟研究时,主要采用宏观钻削建模的方式对钻削过程进行规律性研究,其有限元模型的损伤本构基于传统的宏观材料失效理论模型,CFRP 单元则采用等效各向异性单相均质材料,从溯源处忽略了纤维与基体的差别,致使本该基于纤维失效的单元被更弱的基体单元所代替,导致提前失效,无法准确模拟材料的失效行为。另外,由于纤维丝的直径参数属于细观尺度,采用宏观建模的方法无法正确地模拟出 CFRP 的真实损伤行为(如毛刺等),因而开发面向 CFRP 钻削的跨尺度数值模拟技术有助于更真实地模拟连接孔的加工,以揭示钻削损伤机理,进一步为制孔工艺提供技术指导。

本书将宏-细观模型相结合——跨尺度建模的方法引入 CFRP 结构的力学性能表征及预制孔钻削有限元数值模拟中,开发模拟钻削过程中涉及的由纤维和基体组成的细观多相模型与 CFRP 整体宏观均质模型的损伤信息交互技术,进而提高钻削模拟的准确性和效率,为实现高精密制孔的工艺优化提供可靠的方法及有力的技术支持。

1.2　研究意义

目前,在诸多有限元数值模拟软件中,ABAQUS 软件因其具有功能性完整、开放性强等特点而广泛应用于 CFRP 的仿真分析中[9]。CFRP 结构的钻削制孔加工工艺的数值模拟从溯源处分析由钻头对纤维和基体产生的接触作用引起的材料损伤断裂现象,进而达到预制孔径大小的目的。CFRP 钻削加工的工艺复杂,采用有限元数值模拟方法分析其预制孔加工时存在以下困难[10]:

(1) 与金属材料的各向同性材料本构-损伤模型相比,CFRP 具有多相异质结构的多尺度特征,使其难以建立准确的本构-损伤模型;

(2) 钻头的结构复杂,使得在仿真模拟中其有限元模型收敛的难度增大;

(3) CFRP 钻削过程中材料的去除涵盖了从细观模型到宏观模型的相互接触、材料复杂非线性变化、单元几何大变形、材料选择性去除一系列非连续性动态变化过程,促使对材料的切削去除、损伤机理的研究更加复杂。

根据 CFRP 结构钻削分析研究的目标及侧重点,采用有限元数值模拟的研究主要包含宏观尺度钻削建模分析和细观尺度切削建模分析。宏观钻削建模分析主要模拟钻削时产生的宏观损伤缺陷,预测钻削力及钻削损伤缺陷间的影响,以及模型应力场、温度场等的变化,如图 1.2(a) 所示[11]。细观切削建模分析主要是将 CFRP 进行分割,分别建立独立的纤维、基体及界面模型结构,模拟钻削损伤缺陷中各相材料切削、脱黏过程等失效形式,如图 1.2(b) 所示[12]。

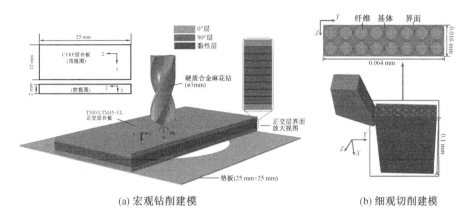

(a) 宏观钻削建模   (b) 细观切削建模

图 1.2 CFRP 钻削数值模拟建模方法

目前主要采用宏观建模的方式对 CFRP 钻削加工进行模拟,通过建立完整的钻头和 CFRP 工件有限元模型,对 CFRP 模型的单元赋予单相均质等效的各向异性材料属性,然后基于设定的宏观本构-损伤模型与材料失效准则,使单元在外载荷的作用下发生变形、刚度退化,模拟分析加工过程,通过有限元后处理分析输出宏观物理量。尽管这种方法可以反映出材料的各向异性属性,但从材料本质上忽略了纤维和基体的区别,因此材料组成方面的区别难以在模型中体现。此外,这种方法采用的失效判定准则主要基于连续损伤力学、断裂力学等角度进行设定,一些关键参数需通过经验获取,导致一些单元因纤维失效而被更弱的基体单元代替,以至于有限元模型的 CFRP 宏观单元提前失效,最终无法真实地模拟出 CFRP 结构的材料失效行为,致使模型的仿真分析结果与实验结果的匹配性较差。

当采用细观尺度切削模型对包含纤维与基体相的 CFRP 结构进行建模时,将钻头的主切削刃和副切削刃的切削方式简化为斜角切削和直角切削,采用相对简单的方式实现钻削机理、损伤缺陷的研究[13,14]。当此类建模方式应用于整体结构的钻削模拟时,由于单丝纤维的尺寸较小,模型结构参数的准确性无法得到保障。另外,钻头模型属于宏观尺度模型(10^{-3} m),CFRP 工件模型属于细观尺度(10^{-6} m)模型,软件在接触算法方面受限于尺度效应等因素存在较大误差;由于设定的单元尺寸过小,导致在同等边界尺寸模型中单元的数量剧增,受限于计算机的计算能力与计算过程的不稳定性,无法实现完整钻削过程的模拟,难以达到令人满意的仿真效率。为更准确地实现完整 CFRP 钻削过程的有限元模拟,需对有限元模型仿真结果的真实性、预测变量精度及模型的计算效率做更进一步的研究分析。

随着数值模拟技术的发展,将独立的宏观建模与细观建模的有限元仿真方法与跨尺度分析方法有机结合,成为解决目前 CFRP 钻削模拟中存在问题的一种有效途径,即在考虑 CFRP 尺度效应影响下实现钻削制孔过程的模拟,简称基于宏－细观跨尺度建模的有限元数值模拟技术[15-19],如图 1.3 所示[20]。

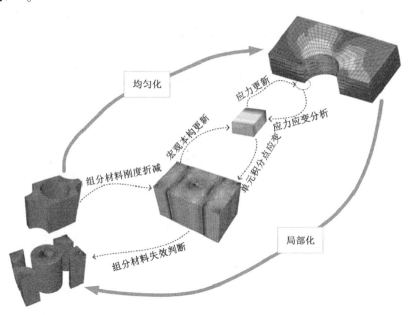

图 1.3 宏－细观跨尺度模拟分析方法[20]

现阶段,跨尺度有限元数值模拟技术主要应用于 CFRP 结构的弹性、黏塑性、失效退化等方面的研究,并取得了丰硕的研究成果[21,22]。然而,这些跨尺度建模方式主要应用于较简单的静态损伤工况,例如,准静态工况下对开孔复合材料结构件的拉伸损伤模拟。对于 CFRP 钻削加工的跨尺度仿真分析,虽然在理念上与其相通,但因 CFRP 钻削涉及钻头与 CFRP 模型间的接触、材料复杂非线性变化、CFRP 模型单元几何大变形、材料选择性去除等问题,对完整钻削模拟的分析表现为一个动态变化的复杂系统,其囊括了几何信息、材料属性信息、应力应变信息的传递,采用解析的方法很难达到令人满意的效果,故关于 CFRP 在钻削工况下的跨尺度数值模拟的研究成果较为少见。

迈阿密大学的学者[23]指出,合理运用虚拟仿真技术是解决 CFRP 等复合材料跨尺度问题的有效途径,CFRP 跨尺度模拟仿真分析对于钻削加工的理解,以及对钻削模拟涉及的切削力、孔周应力、孔周损伤等具有重要意义。但是在针对 CFRP 钻削的跨尺度数值模拟方法中,涉及材料力学性能表征、跨尺度信息交互、单元损伤失效等的研究[24,25]依旧存在以下问题亟须解决:

(1) CFRP 弹性性能表征方面:现有研究针对 CFRP 横向弹性模量的表征与实验结果相比精度较低,甚至忽略了对剪切弹性模量的表征。采用简化的建模方式时,其结构各向弹性性能表征与实验结果相比匹配性较差。基于 CFRP 单丝纤维结构建模时,其表征精度较高,但由于模型过于复杂化,不能应用于对钻削模型关键信息的提取,在工程中无法得以应用。

(2) CFRP 模型跨尺度信息交互方面:在仿真计算过程中,缺乏宏-细观跨尺度动态分析模型的实时信息交互媒介。

(3) 损伤本构建模方面:缺乏可靠的宏-细观模型的本构-损伤模型,对单元的损伤判定、失效演化及删除不够准确,无法模拟出钻削过程中孔周出现的毛刺、分层等缺陷。

综上所述,考虑到 CFRP 内部结构和力学性能的复杂性,目前建立的细观几何模型、宏观本构-损伤模型有待进一步开发,尤其是针对钻削加工行为的模拟。宏观建模方式能模拟宏观钻削加工的过程,但无法从细观角度揭示细观缺陷的形成;细观建模方式能够研究 CFRP 钻削过程中的失效机理,但在三维钻削模型中受尺度效应的影响,有限元模型仿真精度不理想。因此,为了提高钻削模拟的准确性和效率,真实地模拟 CFRP 钻削行为,开发在钻削模拟中基于宏-细观模型的材料本构-损伤模型及其损伤信息共享的数值模拟技术并兼顾材料组成特征尤为重要。

1.3 CFRP 钻削跨尺度数值模拟研究现状

本书旨在将宏-细观模型协同计算的思想融入 CFRP 钻削数值仿真分析中,实现对 CFRP 钻削加工的跨尺度模型实时计算。跨尺度钻削数值模拟技术研究,需从材料组分结构(纤维、基体等)出发,对材料的各项弹性性能进行表征,并基于此力学特性,对材料的损伤失效进行预测与判断,进而在钻削加工模拟中实现单元在载荷作用下产生刚度退化,直至单元删除,最终实现对材料切削去除的模拟分析。因而,本书主要从 CFRP 弹性性能表征、钻削数值模拟分析、跨尺度仿真模拟等方面展开关于 CFRP 钻削跨尺度建模方面的国内外研究现状分析。

1.3.1 CFRP 弹性性能表征

CFRP 的弹性性能不仅与材料组分结构的材料属性相关,而且与其组分结构的真实结构布置形式密切相关[26]。CFRP 弹性性能主要基于标准实验、理论解析和有限元分析等方法进行表征。标准实验法是指将制备的实验材料切割成符合实验标准(ASTM 等)的试验件,按照不同实验标准规定的测试过程对各项力学性能参数进行测量。然而,实验测试法存在前期准备时间长、材料消耗量大、成本较高等问题。理论解析法主要假设纤维丝/束均匀分布在基体中并基于均质化理论进行近似估计,该方法不可避免地需要通过各种经验参数来表示其对微观结构的影响,以进行推导与分析。国内外学者在近几十年间对树脂基纤维增强复合材料的力学性能进行了大量的研究,从材料力学和弹性力学的角度出发,提出了不同的表征分析公式[27]。这些公式对于纵向弹性模量和纵向泊松比的预测与实验较为吻合。基于以上理论解析法对于纵向弹性模量和纵向泊松比等材料属性的表征与实验相比较为吻合,但是对于横向弹性模量及剪切弹性模量等材料属性的表征则存在较大的差异[28]。虽有学者针对相应的横向模量和剪切模量提出了一些修正公式,但有些参数仍需通过经验估算或实验测试确定[27]。更重要的是,当对多向复杂结构的 CFRP 进行表征时,理论解析法也越趋于复杂,需采用更多的经验参数进行近似估计,使得整体的力学性能表征更加困难。

为解决此问题,采用有限元数值模拟方法对复杂结构的 CFRP 建立仿真模型以表征弹性性能成为一种较为有效的途径。BROWN 等[29]采用有限元数值分析方法表征了 CFRP 细观结构与宏观模型间弹性模量的关系,分析了纤维截面形状对金属基复合材料弹性模量的影响。THEOCARIS 等[30]采用有限元数值计算方法表征了纤维增强复合材料的横向弹性模量,并与经典复合材料理论进行了比较,取得了良好效果。GUSEV 等[31]采用 Monte Carlo 方法模拟了单向玻璃纤维复合材料中纤维直径的差异以及分布规律,运用有限元方法对包含 100 根纤维的代表性体积单元(representative volume element,RVE)模型进行分析,表征了材料的弹性模量,并首次提出纤维排列的随机性会对材料的弹性常数产生影响。吕毅等[32]以单向 CFRP 为研究对象,对复合材料三维桥联模型公式进行了必要的简化及理论推导,利用 MSC Pastran 软件建立不同类型的 RVE 模型进行了数值模拟(见图 1.4),其实验与理论结果精度均在工程许可范围内。TANG 等[33]基于宏细观分析方法,构建了考虑纤维分布和体积含量的 RVE 模型,通过有限元方法分析了纤维分布及体积含量对复合材料横向弹性常数的影响。谢桂兰等[34]采用均质化理论与有限元结合的方法,将 CFRP 结构分为宏观、细观、纳观三个层次,运用三次均匀化法,利用 ANSYS 软件表征了风机叶片 CFRP 层合板的弹性性能。李望南等[35-37]利用微观力学强度理论(MMF)建立不同的 RVE 模型(见图 1.5),提出一种新型的基于物理失效模式的 CFRP 微观力学失效理论,根据层合板破坏形式绘制了包络线,并对比了模型采用蔡-吴失效准则时的预测结果,实现了 UTS50/E51 层合板力学性能和 MMF 强度特征值的表征。

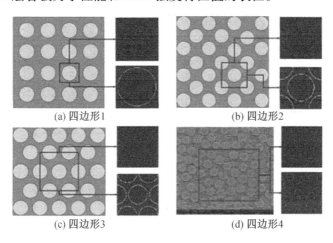

(a) 四边形1　　　　　　　(b) 四边形2

(c) 四边形3　　　　　　　(d) 四边形4

图 1.4　基于 RVE 模型的 CFRP 力学性能表征分析

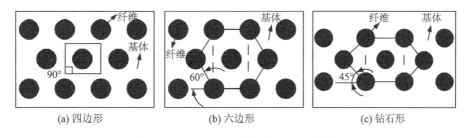

(a) 四边形　　　　　　(b) 六边形　　　　　　(c) 钻石形

图 1.5　CFRP 中不同类型的 RVE 模型

随着计算机技术的快速发展,跨尺度有限元方法广泛应用于表征结构更为复杂的复合材料的弹性性能。SUN 等[38]运用非协调多变量和均匀化理论相互结合的有限元方法,对三维编织复合材料细观结构的力学特性展开了研究,提出了采用非协调式位移结构单元和混合应力式结构单元对三维编织复合材料的弹性力学特性行为进行模拟分析。DONADON 等[39]基于层合板理论提出了一种预测平纹织物复合材料弹性性能的分析模型,获得的预测平面内特性的理论与实验结果之间具有良好的相关性。梁仕飞等[40]建立了三维机织 C/SiC 复合材料的 RVE 模型并运用均匀化法对其弹性性能进行了表征,分析了材料的弹性性能随经纱碳纤维束倾斜角的变化规律。LI 等[41]采用有限元建模方法对三维五向编织复合材料的力学弹性特性表征,预测了 RVE 模型在典型载荷作用下,材料内部细观结构的应力分布,并通过变化纤维的体积含量和编织角度对其弹性参数的变化进行了分析,研究结果表明弹性性能随着纤维体积含量的增大而提升,随着编织角的增大而劣化。YANG 等[42]采用 RVE 模型对三维正交机织复合材料的拉伸性能进行了数值模拟,并与实验结果进行比较,分析了组分材料的行为对三维正交机织复合材料的力学材料性能的影响。

综上所述,学者们在 CFRP 弹性性能的表征分析方面作出了卓越贡献。大多数研究主要集中于复合材料弹性模量的表征,鲜有报道提及剪切模量的表征,且这些研究将复合材料结构采用规则排列的 RVE 模型,导致表征结果与实验相比不够精确,尤其是横向弹性模量的表征。大多数学者的研究主要考虑纤维体积含量及纤维的布置形式对其整体性能的影响,且都准确地表征出材料各项弹性性能,然而并没有分析 CFRP 的力学性能与结构参数变化之间的关系,主要原因是此类分析每更新一次参数,都需经历重新建模、分网、再计算等复杂过程。

1.3.2　CFRP 钻削数值模拟研究

本书采用的是 CFRP 钻削模拟仿真方法与宏-细观跨尺度建模分析方法有机结合的数值模拟技术,而关于跨尺度模型的钻削分析,国内外尚未报道相关的研究成果。但是,对于 CFRP 的宏观钻削模拟、细观切削机理的应用研究较多,其采用的跨尺度建模分析理念与钻削模拟相似,可以为本书的研究提供理论支撑和技术支持。

1.3.2.1　宏观钻削有限元模拟

宏观钻削数值模拟分析是指对 CFRP 钻削加工行为的模拟,其研究重点是关注模拟分析中涉及的材料去除、切屑形成、模型应力场与温度场的变化。有少部分研究关注钻削中 CFRP 层间分层的模拟分析,尽管这些研究也称"切削模拟分析",但此类研究仅通过钻头在挤压作用下实现材料的分层,虽然有接触但并不涉及材料的切削去除过程,故此类研究不在本书讨论的范围。

结合宏观尺度建模分析,大量学者尝试运用不同的有限元软件平台对复杂钻削过程的整体建模进行研究。CHAKLADAR 等[43]在 ANSYS 软件中将钻头当作刚体,编织型 GFRP 的定义各向异性弹性材料,对板材四周的移动和旋转自由度施加固定约束,基于冯米塞斯应力预测轴向力的大小。由于该模型仅定义了弹性属性,忽略了材料的损伤分析,严格来说不属于钻削模拟。IS-BILIR 等[44]为了研究在 CFRP 钻削预制孔过程中产生的缺陷,通过 ABAQUS软件建立了三维有限元模型,基于二维 Hashin 准则研究了切削速度、进给量对轴向力与扭矩的影响,由于二维 Hashin 准则仅包含面内的损伤信息,因此不能应用于三维实体结构单元模型。在该研究的基础上,ISBILIR 等[45]继续建立基于三维 Hashin 准则的有限元模型,分析了刀具几何结构对 CFRP 钻削分层的影响,并优化了钻头的几何结构,如图 1.6(a)所示。PHADINIS 等[46]在 ABAQUS 软件平台上对 CFRP 在传统工艺和超声振动辅助钻削下的预制孔钻削加工进行了仿真模拟,并通过实验验证了模型的有效性,研究结果表明超声振动辅助钻削相比于传统钻削可明显减小轴向力。FEITO 等[47]建立了一种考虑进给与旋转和另一种仅考虑钻头轴向进给的 CFRP 钻削有限元模拟模型,对比发现二者的实验结果相差较小,但是仅考虑钻头轴向进给的模型的分析效率更高,更适合于分层损伤的预测,如图 1.6(b)所示。USUI等[48]对 CFRP 直角切削,运用 Avantage 软件建立了三维动态钻削有限元模型,模拟从完全钻入开始到结束整个过程中切屑的形成、切削力的变化,其分析结果与试验结果吻合得较好。樊芹等[49]基于能量法建立了钻削 Al/CFRP、CFRP/Al 产生分层损伤的临界轴向力模型,并利用 ABAQUS 软件对其钻削行为进行了数值模拟,得到了轴向力的变化曲线。金晓波等[50]基于拉格朗日运算,采用 ABAQUS 软件在 Explicit 环境中分别建立了 CFRP/Ti 叠层板和 CFRP单板的钻孔模型,其中 CFRP 采用二维 Hashin 损伤判定准则,Ti 采用 Johnson-Cook 本构模型模拟具有动态切削特征的钻孔过程,并对切削参数与轴向力、加工质量等的关系进行了分析,如图 1.6(c)所示。安立宝等[51]研究钻削加工中切削用量和刀具参数对钻削质量的影响时,利用 ABAQUS 软件模拟了麻花钻在 CFRP 上钻削预制孔的加工过程,发现轴向力随主轴转速的增加而减小、随进给量和钻头顶角的增加而增加。他们指出,在实际加工中宜采用较高的主轴转速、较小的进给量和钻头顶角,以使对 CFRP 的钻削轴向力减小,改善钻孔质量,如图 1.6(d)所示。

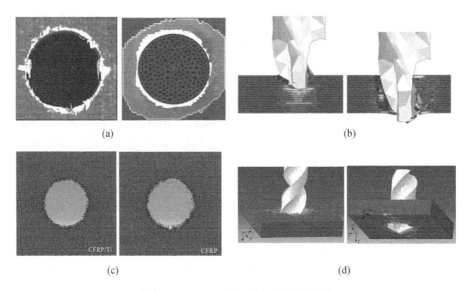

图 1.6　CFRP 钻削仿真模拟分析结果

在宏观钻削模拟中,将 CFRP 结构模型当作均质化单元处理,基于不同的组分结构失效形式对单元失效进行判断,但采用均质各向异性本构模型仅反映材料的宏观材料属性,忽略了组分结构的特点,大多数模型仅能从切削力的角度去验证模型的正确性,并不能反映出与其他实验相匹配的直观现象,如出现的毛刺、分层现象。同时,由于材料模型库的开发技术不够成熟,缺乏对材料本构-损伤库的获取,导致在模型中降低了部分准确性。然而,由于有限元模型仅作为实验研究的辅助工具,其准确性不能作为实验结果在工程上广泛应用。因此,如何提高仿真模型的"真实性"是下一步工艺优化的重要方向。

1.3.2.2　细观切削有限元模拟

由于刀具的几何特征和材料的结构特征不同,因此 CFRP 的钻削过程非常复杂,为了更好地理解纤维、基体的切削过程,学者们通常利用微元法,采用切削刃微元的切削工艺,从最简单的直角或斜角切削着手,研究纤维、基体及界面的切削断裂机理。

近 10 年,国内外有大量关于钻削模拟的仿真研究都涉及细观切削的模拟。AROLA 等[52] 使用有限元理论将单向 CFRP 的钻削过程转换为正交切削模型,并通过微观法将仿真获取的钻削力与实验值进行对比,其采用的建模方式对 CFRP 的数值模拟具有启发式意义。在该研究的基础上,AROLA 等[53] 又将刀具当作刚体和变形体考虑,建立 0°,45°,90°,135°的直角切削模

型,研究发现除了 0° 和 90° 外,刀具的前角对切削力的影响较小。STREN-
KOWSKI 等[54]将钻头中的主切削刃和横刃进行分解,把主切削刃理想化成斜
角切削,横刃当作直角切削,分别对其进行了数值模拟分析,随后将分析后得
到的钻削轴向力及扭矩等结果进行解构,并通过试验验证了模型的正确性。
ZITOUNE 等[55]在采用有限元对复合材料钻削分析时,考虑了钻头顶角和剪
切力效应,将钻头拆为切削刃和横刃,切削刃产生的轴向力占 60%,横刃产生
的轴向力占 40%,建立一种基于裂纹扩展机理的轴向力预测模型,书中的模
型还能用于分析材料的分层和切屑形成过程。RAO 等[56-58]提出了基于多相
材料的有限元建模方法,分别在 ABAQUS/Standard 和 ABAQUS/Explicit 模块
中模拟了单向 CFRP 和玻璃纤维复合材料(GFRP)的直角切削行为。其中,将
纤维假设为弹性,采用最大主应力准则进行失效判断,同时,将基体设定为弹
塑性,纤维和基体分别采用最大主应力准则和屈服后刚度退化准则进行失效
判断,对纤维方向角小于 90° 时的损伤和切屑形成机理进行了模拟。SANTI-
USTE 等[59]建立了 GFRP 在切削过程中的三维模型,引入传统损伤模型与内
聚力模型,探究了轴向力和材料被加工后所得到的表面质量与材料自身的铺
层方向之间的关系。GAO 等[60]研究了 CFRP 三维细观直角切削热力耦合模
型,根据 4 种典型切削角下切屑形成机理,在不同切削参数下对比分析了加工
表面质量,并与实际加工表面轮廓进行了对比,如图 1.7(a)所示。ABENA
等[61,62]深入分析了切削过程中的界面层损伤,分别建立和不同厚度黏结单
元、小厚度单元和黏结界面接触行为的切削模型,提出了一种新界面相的建
模方法,对网格畸变、接触分析困难等问题提出了解决方案。秦旭达等[63]根
据 Hashin 失效理论中关于纤维与基体的判断准则,对 UD-CFRP 的正交切削
过程建立了二维平面模型,对不同铺层方向下纤维和基体的破坏机理进行了
深入研究。同时,高汉卿等[64]建立了类似的数值分析模型,考虑了纤维、基
体、界面等组成相,且组分结构具有独立弹塑性本构、失效和演化模型,从细
观层面模拟了不同纤维角度的 CFRP 单向板切削过程中的纤维/基体断裂、界
面开裂等行为。齐振超等[65]针对当前存在的采用宏观均质化建模方式无法
实现纤维和基体的失效表征、切屑类型等问题,基于 ABAQUS/Explicit 软件建
立了三维多相的 CFRP 直角切削有限元模型,并采用 VUMAT 定义了纤维和
基体的弹塑性、失效、损伤演化行为,对不同纤维方向的三维多相 CFRP 直角
切削行为进行了模拟,如图 1.7(b)所示。

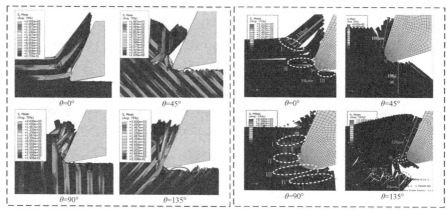

(a) 切削热力耦合模型　　　　　　　　　(b) 切削损伤机理模型

图 1.7　不同纤维方向角度的 CFRP 切削仿真结果

从上述关于 CFRP 钻削模拟细观层面切削机理的研究中可以看出,CFRP 钻削模拟的建模主要有维度(二维/三维)和相数(单相/多相)两方面的变化,关于切削机理的研究由简单的二维单相均质模型转为更加复杂且真实的三维多相模拟时,主要关注纤维方向下的切屑形成、切削力、纤维-基体损伤等。然而,由于对纤维与基体各相材料本构-损伤模型的开发还不够成熟,纤维与基体连接区域的黏结层成为目前研究的重点,导致在细观切削模型中对纤维和基体损伤的建模不够精确,进而影响宏观钻削模拟的准确性。

1.3.3　CFRP 跨尺度数值模拟研究

面向 CFRP 钻削的宏-细观跨尺度有限元模拟方法是传统宏观钻削有限元仿真、细观切削机理仿真与跨尺度分析方法的有机结合,其主要思想是用全局均匀材料在宏观层面等效原来的非均匀材料,且在关键部位进行细观多相分析,满足两个尺度的应变能完全或近似相同[66,67]。然而,钻削本质上是刀具接触 CFRP 引起的损伤断裂现象,这些分析方法因在模拟分析中不涉及单元的接触、断裂、去除,并不适用于解决钻削这种较为复杂的几何、力学非线性问题。于是学者们探索将 CFRP 跨尺度弹性性能表征方法与传统钻削有限元模型方法结合进行建模分析,并采用有关 CFRP 细观损伤的跨尺度仿真研究的一些成果,为跨尺度钻削数值模拟技术的开发研究提供借鉴。

国内外在复合材料跨尺度模拟方面的研究:刘晓奇等[68]对具有周期结构的 CFRP 跨尺度渐进展开与高精度算法进行了研究,提出了基于双尺度渐进展开的高精度有限元算法,并通过软件中不同的后处理方法提出了一个基于高精度跨尺度有限元理论的计算公式。YU 等[69]在预测编织复合材料的力学性能方面采用了双尺度分析方法,研究了编织角和体积含量对材料拉伸强度、扭转强度等参数以及其宏观力学性能的影响,同时还研究了随编织角和纤维含量等参数变化的强度曲线。张洪武等[66]建立了基于周期分布的 RVE 模型分析算法,并开发了对 CFRP 结构非线性跨尺度分析的一般有限元方法,计算出了对应高斯点的应力。SOUZA 等[70]对 CFRP 在冲击工况下进行了模拟,其长度尺度上裂纹扩展损伤演化预测模型,并利用该模型预测快速载荷工况下构件的失效情况,取得了良好效果。宇鹏飞等[71]基于微观力学失效(micro mechanics of failure, MMF)理论,对 CFRP 多向层合板在低速冲击载荷下的失效机制及损伤过程进行预测分析,结果表明采用跨尺度理论对小球撞击凹坑直径的预测结果与实验测试结果的误差仅为 4.8%,预测的失效机制和损伤形貌的匹配性较高。MASSARWA 等[72]提出了一种基于参数高保真单元广义细观力学方法的非线性多尺度损伤分析框架,用于预测复合材料层合结构在拉伸和压缩静载荷作用下的力学响应。LIAO 等[73]建立了 CFRP 在低速冲击作用下的动态渐进失效跨尺度分析模型,首次实现了 CFRP 的跨尺度动态损伤分析,但是其在碰撞损伤分析中主要考虑能量和损伤位移的影响,建立的分析模型并没有涉及单元的删除,仅能从能量角度和失效模式方面实现模型参数的预测。XU 等[74]提出了一种跨尺度模型预测了平纹织物复合材料在冲击响应下的尺度响应,模拟了弹丸冲击作用下平纹复合材料结构在宏观尺度下的失效响应,结果表明该模型的模拟结果与实验结果相吻合,能够正确地预测碰撞后纤维损伤的可扩展与不可扩展的损伤响应行为。

随着跨尺度建模仿真技术应用的发展,学者们进一步研究了跨尺度模型中涉及的细观与宏观模型间的信息交互与传递方法。屈鹏等[75]建立了 CFRP 结构单元的跨尺度碰撞模型,在细观尺度上,通过 Cohesive 单元模型,分析了分层界面的黏结性能对 UD-CFRP 整体力学性能的影响,并在宏观尺度上数值模拟了在准静态压痕及低速冲击工况下 CFRP 层合结构损伤演化行为。ZHANG 等[76]建立了一个细观尺度 CFRP 模型用于框结构件的模拟分析,该模型将一个纤维基体同轴圆柱模型作为基础单元,基于应变不变量失效理论模拟其 CFRP 的非线性响应变化,与实验对比分析表明,该方法适合于大尺寸的渐进损伤和失效分析。黄达[77]结合了细观力学和损伤力学相关理论及方法,对 CFRP 受到不同外载荷作用时的损伤演化过程进行了分析,模拟了 CFRP 亚界面裂纹扩展过程,以 CFRP 圆筒为对象,并运用 ABAQUS 用户子程序对其宏观结构展开了失效研究。杨强等[17]基于跨尺度失效理论,对 CFRP 的弹性问题控制方程进行尺度解构,并基于协同跨尺度策略对 CFRP 拉伸过程的跨尺度渐进损伤现象进行了模拟,如图 1.8(a)所示。LI 等[78] 提出了一种基于应力的新型跨尺度破坏准则,并在微观层面确定了相应的纤维破坏模式和基体破坏模式,根据 ASTMD5766 测试了 3 种材料系统(CCF300/5228、CCF300/5428 和 T700/5428)的开孔拉伸试样,并且在实验结果和数值预测之间找到了良好的一致性,如图 1.8(b)所示。李星等[18] 提出了一种基于物理失效模式的 CFRP 跨尺度失效准则,从细观层面分别对纤维和基体的失效模式进行了表征,将纤维失效分为拉伸失效和压缩失效,将基体失效分为膨胀失效和扭曲失效,以 IM7/5250-4 算例对失效模型进行了验证,计算结果与实验结果吻合得较好,表明跨尺度失效准则能够准确预测复合材料层合板的破坏。

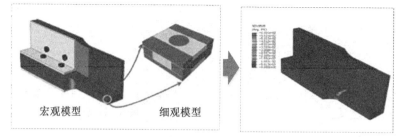

(a) T形梁拉伸跨尺度渐进损伤模拟

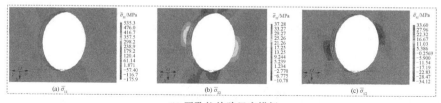

(b) 开孔拉伸跨尺度模拟

图 1.8　复合材料跨尺度有限元模拟分析[17,78]

综上所述,大多数有关跨尺度的研究仅停留在对 CFRP 的弹性性能表征分析方法、宏观有效性能预测等方面,并未考虑进一步的损伤分析。仅仅考虑尺度效应的分析研究只能解决简单的静态拉伸问题,而适用于像 CFRP 钻削的复杂工况下基于非线性损伤分析的跨尺度数值仿真方法较为少见,其主要关注的也是以编织结构的 CFRP 为主的开孔拉伸破坏这种较为简单的损伤过程。针对 CFRP 钻削的跨尺度分析,其理念与拉伸模拟等工况分析类似,然而,由于在钻削跨尺模拟中涉及钻头与 CFRP 模型间的接触、材料复杂非线性变化、单元几何大变形、材料选择性去除等问题,因此在学科上涉及复合材料细观力学、宏观断裂力学等,其分析过程并不局限于简单的静力学强度失效判断,而是一个动态力学分析的过程。

因而,亟须建立用于模拟 CFRP 钻削工艺的宏-细观模型信息交互的材料本构-损伤模型,并开发钻削过程中细观多相模型与宏观均质模型的损伤信息共享方法。通过高效、高精度的跨尺度协同数值模拟技术使 CFRP 多相材料弹性性能表征、跨尺度信息传递等关键基础科学问题得以解决,并精确模拟 CFRP 钻削预制孔的加工过程,进一步揭示在钻削过程中钻头对 CFRP 的切削机理,进而为实现高精密制孔的工艺优化提供有力的技术支持。

1.3.4   CFRP 钻削轴向力预测

CFRP 层合板在钻削的过程中,钻削轴向力是影响钻削热、孔壁表面质量、进出口毛刺、刀具磨损等的主要因素。在对 CFRP 结构钻削时,计算切削功率、设计使用钻床、选择钻削刀具都需要考虑钻削轴向力。因而,在研究钻削加工工艺时钻削轴向力是一个重要且关键的因素,通过理论数值解析、有限元仿真分析、机器学习等方法对其轴向力进行预测。

理论数值解析模型方面:ARMAREGO[79]首次运用理论分析的方法将钻削过程分解为系列的离散小块的斜角切削,同时对理论分析结果采用的对应实验方法进行研究;紧随其后,WATSON 等[80-82]对这一方法进行了推广,基于离散成斜角切削的理念提出了关于切削刃分量的连续性和轴向力等的经验公式,经验公式的预测结果与实验结果具有一致性。这些研究给钻削轴向力的预测模型的建模和修正奠定了理论基础。LANGELLA 等[83]和 TSAO 等[84]根据力学分析,将钻头的受力分解成水平和垂直方向的分量,并将加工工艺参数加入钻削过程中产生的钻削力经验公式中,拓展了模型的实用性,模型分析结果更加接近于实际工况下钻削过程的分析。SU 等[85]建立了基于匕首钻头的理论钻削模型,进行了经典的切削理论预测模型下的轴向力和分层综合分析。ZARIF 等[86]建立了预测分层开始时临界推力和进给量的分析模型,并通过实验进行对比,研究结果表明最大推力对分层有重要影响。

在 CFRP 钻削轴向力数值模拟方面:STRENKOWSKI 等[54]将麻花钻钻头中的主切削刃和横刃进行分解,把主切削刃理想化成斜角切削,横刃当作直角切削,分别对其进行了数值模拟分析,随后将分析得到的钻削轴向力及扭矩等进行解构,并通过实验验证了模型的正确性;ZITOUNE 等[55]采用有限元法对复合材料钻削进行分析,在考虑钻头顶角和剪切力效应的同时将钻头分拆为切削刃和横刃,切削刃产生的钻削轴向力占 60%,横刃产生的钻削轴向力占 40%,建立了一种基于裂纹扩展机理实现对轴向力预测的模型,该模型还能用于分析钻削过程中材料的分层和切屑形成过程;FEITO 等[47]在研究复合材料的轴向力时发现,轴向力随着进给量的增大而增大,轴向力对复合材料因钻削轴向力引起的分层因子有重要影响,当轴向力从 120 N 增大到 250 N 时,分层因子从 1.15 增大到 1.55;胡尖等[87]研究了工艺参数和刀具参数对碳纤维复合材料/铝合金叠层材料的钻削轴向力及制孔质量的影响,使用普通硬质合金麻花钻对该叠层材料进行钻削试验,分析了主轴转速、进给量、麻花钻顶角和螺旋角对钻削轴向力的影响规律。

在神经网络模型预测方面:PATRA 等[88]分析了在预设不同的切削参数时钻削力的变化规律,并将切削参数和钻头钻削力共同作为人工神经网络的输入信号,对钻孔数进行预测;AKIN 等[89]采用人工神经网络对金刚石钻头在不同钻削条件下的主要钻削参数(钻头载荷、最佳转速等)进行了优化,在优化参数下钻削的效果良好,且优于传统的分析预测方法;MISHRA 等[90]首先建立了以钻头直径和几何尺寸作为输入参数的人工神经网络(artificial reural network,ANN)模型预测了单向 CFRP 可能受到的损伤,预测结果与实验结果较为吻合;KAHRAMAN 等[91]利用神经网络对钻削复合材料的表面粗糙度进行了预测,取得了准确的预测结果;还有研究者提出了一种基于遗传算法的多层感知神经网络优化模型来预测钻削轴向力,该神经网络模型以钻头转速、进给量和钻头角度为输入参数,预测结果与实验结果的匹配性较好。

综上所述,大量学者在预测 CFRP 钻削中产生的轴向力方面作出了重要贡献,但要实现快速且精准地预测钻削轴向力,还有一些问题需要解决:① 在采用理论建模预测方面,随着市场对加工精度要求的提高,采用曲线逼近或数据直线拟合的方法得到的经验公式难以满足预测精度的要求;② 在有限元仿真分析方面,大多数仿真模型采用宏观均质化模型,由于没有合理的材料失效准则,其分析结果依旧难以达到令人满意的程度,并且钻削模拟是一个动态分析的过程,结果的获取需要较高性能的计算机花费大量的时间计算,当分析模型中的钻头模型结构、材料性能参数、工艺参数等发生变化时,需要经历重新建模、重新计算等分析过程,致使完成复杂工况下的仿真分析耗费较多的计算机资源和时间;③ 在采用神经网络模型预测方面,先前的研究只考虑了机床工艺参数,忽略了材料自身工艺参数的影响,由于训练的参数较少,以至于计算样本数量太少,预测的结果有待商榷,而且采用机器学习或人工智能神经网络时,各参数的权重比是随机的,其训练时间较长,且精度不够高。

1.3.5　CFRP 超声振动辅助钻削工艺

旋转超声振动(频率大于 18 kHz,振幅小于 20 μm)辅助钻削(rotary ultra-sonic assisted drilling,RUAD)工艺作为先进的特种加工工艺技术,因其具有传统切削无法企及的加工特性[92-94],且在金属材料加工中获得了较好的工艺效果而被引入 CFRP 的加工中,其主要原理是在传统加工方法的基础上对刀柄增加一个超声振动辅助装置以改变刀具在加工过程中的运动轨迹,实现在钻削时工件与刀具的往复式运动,进而改变钻削机理,并通过调节工艺参数、振动幅度参数等实现高精密制孔。

对于超声振动辅助加工工艺,按其振动方向的不同,可以分为纵向振动钻削(振动方向与钻头轴向方向一致)、扭转振动钻削(振动方向与钻头旋转方向一致)和纵扭耦合振动(纵向振动与扭转振动的结合)钻削[95]。根据不同的振动切削方式,学者们[96]通过基于实验与有限元数值分析相结合的方法针对 CFRP 钻削做了大量相关的研究。例如,MAKHDUM 等[97]采用 RUAD 加工技术对 CFRP 钻削进行了大量的工艺实验研究,指出超声钻削能够有效地减小轴向力和扭矩,同时有利于减少出口处的损伤缺陷,并获得较好的表面质量。GENG 等[98]使用 RUAD 磨削与传统磨削对小直径孔进行制孔分析,研究结果表明,使用 RUAD 磨削可大幅度减小钻削力,且孔壁边缘质量和表面完整性能够得到显著的改善。PHADNIS 等[99]采用有限元仿真与实验相结合的方法对影响分层的主要参数——轴向力和扭矩进行了研究,实验结果验证了有限元模型的正确性,并指出采用 RUAD 钻削工艺可以显著减少钻削分层的缺陷。LIU 等[100]采用 RUAD 技术对 CFRP 钻削加工进行研究,研究结果表明,超声振动辅助加工可以有效地减小轴向力和扭矩,有助于提高孔壁的表面质量和出口质量,减少刀具磨损并延长刀具的使用寿命。SADEK 等[101]采用振动辅助加工对 CFRP 制孔产生的热损伤和机械损伤进行研究,研究结果表明,低频振动辅助加工相比于传统钻削工艺,能够使切削温度和轴向力均减小 40%。WANG 等[102]采用传统超声振动和纵扭耦合振动对陶瓷基复合材料进行钻削研究,与传统切削加工相比,纵扭耦合超声振动钻削可使切削力减小 50% 以上;LI 等[103]采用自主研制的双弯振动加工装置对 CFRP 进行 RUAD 钻孔,指出采用 RUAD 能够减少切削热的产生;AL-BUDAIRI 等[104]采用纵扭超声振动钻削工艺对 CFRP 制孔进行研究,结果表明,相比于轴向振动钻削工艺,纵扭超声振动钻削工艺更能改善孔的出口质量并减小轴向力,他们指出纵扭振动更适用于脆性材料,具有更高的材料去除率。

通过以上采用 RUAD 工艺对 CFRP 钻削加工所做的研究分析可以看出,采用超声振动辅助工艺对 CFRP 进行预制孔加工时,加工效率和加工质量均有显著的提高。但是,学者未针对振动辅助参数的变化对加工质量影响的变化规律做进一步的研究,且现有研究主要集中于铣削制孔方面,仅从改变工艺参数的角度对钻削力和孔损伤程度进行分析,而关于采用超声振动钻削工艺对预制孔缺陷抑制机理方面的研究却鲜有提及。同时,大多数的超声振动钻削工艺分析都采用一维振动的切削工艺,而采用匕首钻、阶梯钻等钻扩一体刀具对 CFRP 制孔时,其加工方式涉及钻削与扩孔工艺的结合,需考虑在复合振动耦合钻削工艺下如何进一步提高孔壁质量并抑制孔周损伤。另外,在对 CFRP 钻削时采用 RUAD 有限元仿真模型分析时,材料模型仅考虑了宏观层面的损伤,其有限元分析结果与实验结果存在较大的误差,仿真分析无法模拟出实际工况下产生的毛刺、分层等损伤现象,更无法从细观层面揭示孔周损伤缺陷产生的机理,而关于采用纵扭超声振动辅助制孔工艺的 CFRP 跨尺度钻削的研究尚未见相关报道。

综上对 CFRP 结构力学性能及组分结构表征、跨尺度分析仿真分析、影响表征分析与制孔质量的重要参数、特种加工工艺等方面展开的国内外研究现状的分析,笔者认为有必要考虑 CFRP 组分结构间的尺度效应,将 CFRP 结构宏-细观模型的思想融入 CFRP 钻削数值仿真分析中,从而加快模拟计算进程,更快捷、更直观地解决复合材料钻削复杂损伤等问题。为实现该目标,亟须建立更可靠的材料弹塑性和损伤模型,开发钻削过程中细观多相模型与宏观均质模型的损伤信息共享方法,以提高钻削模拟的准确率和效率,然后基于跨尺度数值仿真进行 CFRP 钻削损伤机理及其抑制策略研究,进而提高航空航天产品复合材料构件的装配质量。

1.4　本章小结

本章主要阐述了本书的研究背景、研究意义和研究现状等,重点说明本书研究内容的必要性和可行性。首先,简要介绍了 CFRP 在航空航天产品中的应用及对 CFRP 钻削过程进行数值模拟需要解决的问题,并将针对该问题提出的解决方法引入本书的研究内容;其次,以传统有限元数值分析方法在 CFRP 钻削预制孔模拟中的应用为出发点,从 CFRP 弹性性能表征、钻削数值模拟分析、跨尺度仿真模拟、钻削轴向力的预测和超声振动辅助钻削工艺等方面,总结了关于 CFRP 钻削跨尺度建模方面的国内外研究现状,并指出本书以采用跨尺度数值分析方法对钻削 CFRP 预制孔过程进行模拟研究为落脚点。

第一章图

第 2 章

考虑纤维随机分布的 CFRP 弹性性能表征

2.1 引言

CFRP 自身独特的结构组成与设计决定了其具有宏-细观双重特征,其整体的宏观性能是由大量的高强度碳纤维丝/束(增强相)和树脂基体(连续相)复合后整体表观平均的综合特性[105],纤维丝和基体间的各项力学性能差异,致使 CFRP 在受载荷作用时其微观的应力和应变分布比金属材料更加复杂,这对其整体宏观力学性能有较大的影响。对 CFRP 等效弹性属性的表征是确定相关结构件力学属性的一项重要指标,其表征结果的准确性在很大程度上决定着 CFRP 结构件损伤判断的准确性,且是实现跨尺度钻削数值模拟信息传递的一个重要环节。

在采用宏-细观建模对单向碳纤维增强复合材料(unidirectional carbon fiber reinforced plastic/polymer,UD-CFRP)的弹性性能进行表征时,由于其结构形式较为单一,学者们[20,35]对单向碳纤维增强复合材料代表性体积单元模型(UD-RVE)采用理想化的建模方式,即假设纤维在 UD-CFRP 中呈均匀排列、交错排列等有规则的排列形式。但是,此类假设与实际观察到的纤维排列形式存在较大的差异,其弹性性能表征结果与实验测试结果的吻合性较差,尤其是横向弹性模量。对于多向碳纤维增强复合材料(multidirectional carbon fiber reinforced plastic/polymer,MD-CFRP),由于其铺层角度不一致,铺层顺序存在差异,若将复杂的铺层角度、铺层顺序的建模方式用于完整的铺层结构数值模拟分析中,则在建模、网格划分、计算工作量方面需大量的计算时间作为支撑,难以保证计算效率。更重要的是,当 MD-CFRP 结构发生变化时,表征模型需经历重新建模、重新网格划分、再计算等复杂过程。

因而,本章根据不同类型的 CFRP 在微观层面中几何结构的分布形式,结合有限元建模与复合材料微观力学中的渐进均质化理论模型,提出一种基于跨尺度仿真模型的 CFRP 弹性性能表征方法,以降低建模难度,提高模型计算效率,实现与实际结构相匹配的 UD-CFRP 和具有不同铺层角度、不同铺层形式的 MD-CFRP 等的弹性性能表征,为跨尺度钻削数值模拟中涉及的宏-细观模型弹性属性的信息交互与模型的调用奠定基础。

2.2　基于跨尺度建模的 UD-CFRP 弹性性能表征

由于 UD-CFRP 在微观层面的几何结构是采用随机布置形式将纤维包裹在树脂基体中,在结构层面可以看成一个区域的周期性分布,在建模中可以认为其由许多结构相同的随机纤维排布结构的 RVE 模型按周期性的矩形阵列排布而成。在对 UD-CFRP 各项弹性性能的表征分析中,可根据其内部纤维结构的实际布置形式建立对应的结构化 UD-RVE 模型,在不同的受载工况下,实现对整体宏观弹性性能的表征。

以 UD-CFRP 的多相材料组成结构形式为出发点,对其整体宏观弹性性能的表征分析主要包含以下几个步骤:

（1）将 UD-CFRP 在微观几何结构上划分为纤维、树脂基体与连接界面层三个区域,建立基于纤维随机分布的结构化的 UD-RVE 模型,其中包含纤维、基体等;

（2）对结构化的 UD-RVE 模型加载周期性边界条件,同时设置各相材料对应的材料属性与单元类型,分别施加不同的载荷工况并予以求解分析;

（3）在预设的关键参考点位置提取跨尺度模型在不同工况下的分析结果,并基于纤维随机分布的渐进均质化理论实现 UD-CFRP 各项弹性性能的表征。

以上所有的表征分析过程都是在 ABAQUS/Standard 平台上基于 Python 脚本程序实现的,其中,脚本程序的主要框架如图 2.1 所示。整个分析过程可以通过在 ABAQUS 界面直接运行脚本实现或在 ABAQUS 命令接口中输入运行脚本命令,其中输入命令的格式为:ABAQUS/CAE script= xxx. py。

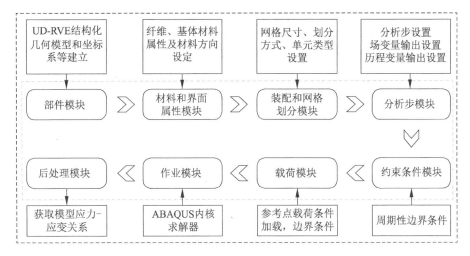

图 2.1   UD-CFRP 弹性性能表征的 Python 脚本程序主要框架

2.2.1   纤维随机分布的 UD-RVE 结构建模

为实现 UD-CFRP 中对纤维、树脂基体和界面的建模与分析,根据模型受载荷的工况对 UD-RVE 模型做如下假设[106]:

(1) 制备的 UD-CFRP 材料是完好的,无翘曲等现象;

(2) 根据纤维结构形态的观测结果,将纤维丝简化为理想化圆形,各单丝纤维间不存在交联作用,并与基体完美结合;

(3) 忽略在制备时因工艺问题而产生的孔隙和初始裂纹等缺陷。

采用超景深扫描电子显微镜(SEM)对 UD-CFRP 固化成型后的纤维断面处的结构截面进行观测,发现纤维包裹在基体中的排列形式为随机组合排列,如图 2.2(a)所示。

为精确地表征 UD-CFRP 的各项有效弹性性能,构建随机排列纤维的 UD-RVE 模型必须满足一些临界尺寸的基本要求[107]。同时,确定 UD-RVE 模型各边长的重要尺寸主要基于单丝纤维直径和纤维体积分数等参数。因而,根据观测后得到的截面纤维分布结构,对模型定义各边界尺寸的推导公式如下:

$$\begin{cases} a_1 \geqslant \zeta d_{\mathrm{f}}/2 \\ a_1 = d_{\mathrm{f}}\sqrt{n\pi/4V_{\mathrm{f}}} \\ a_2 = a_1 \\ a_3 = a_1/m \end{cases} \tag{2.1}$$

$$V_{\mathrm{UD\text{-}RVE}} = a_1 a_2 a_3 \tag{2.2}$$

式(2.1)和式(2.2)中:$a_i(i=1,2,3)$ 分别表示 UD-RVE 模型中的长度、宽度和

厚度,单位为 μm,如图 2.2(b)所示;ζ 表示无量纲变量,用于定义 UD-RVE 模型的临界尺寸,单位为 μm,本书中 $\zeta \geqslant 30$;d_f 表示单丝纤维的直径,单位为 μm;n 表示 UD-RVE 模型中包含纤维丝的数量,单位为根,本书中 $n \approx 169$;V_f 表示 UD-RVE 模型中纤维的体积分数,单位为%;m 表示厚度方向的实常数,单位为 $\mu m^{[108]}$,本书中 $m=20$;$V_{\mathrm{UD\text{-}RVE}}$ 表示 UD-RVE 模型的体积,单位为%。

本研究中以光威复合材料公司提供的型号为 T700S-12K/YPH-23 的预浸料[109],以及在实验室环境中制备的 CFRP 为研究对象。其中,其结构层面主要由 12K 东丽 T700S 碳纤维丝[110]和 YPH-23 耐高温环氧树脂组成,预浸料的密度为 200 g/m^3,树脂体积分数为40%,碳纤维丝的单丝直径 $d_f \approx 7$ μm,耐高温环氧树脂和纤维丝的弹性参数如表 2.1 所示。整体采用真空高温热模压固化工艺成型[111],固化成型后单层 UD-CFRP 的厚度约为 0.18 mm,其纤维体积分数约为 59%。基于以上参数,可分别得到 $a_1 = a_2 \approx 0.105$ mm,$a_3 \approx 0.00525$ mm,并通过此尺寸建立对应的 UD-RVE 模型,如图 2.2(b)所示。

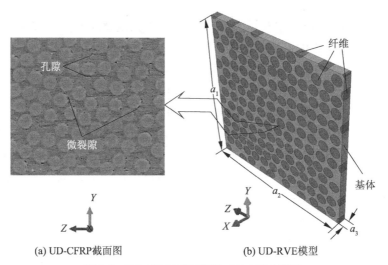

(a) UD-CFRP截面图   (b) UD-RVE模型

图 2.2 UD-CFRP 截面图与 UD-RVE 模型

表 2.1 碳纤维丝与树脂的弹性参数

弹性模量	数值	泊松比	数值	剪切模量	数值
E_{f1}/GPa	230.00	ν_{f12}	0.210	G_{f12}/GPa	9.00
E_{f2}/GPa	15.00	ν_{f13}	0.210	G_{f13}/GPa	9.00
E_{f3}/GPa	15.00	ν_{f23}	0.307	G_{f23}/GPa	5.03
E_m/GPa	2.90	ν_m	0.340	G_m/GPa	1.31

2.2.2   周期性边界条件的建立与 UD-RVE 模型的加载

UD-RVE 模型需要一个合理的网格尺寸,进而提高仿真计算时模型的收敛性。同时,为了正确地加载周期性边界条件,对网格类型、尺寸精度均有一定的限制,对模型进行网格划分时需要确保模型中各相对面的网格对应,从而确保对应的网格在节点约束上一一对应。因而,本书在合理考虑模型边界对称性的基础上,整体采用映射方式进行网格划分,其中扫略方向沿 X 轴方向(纤维方向),划分完成后的网格模型如图 2.3 所示。

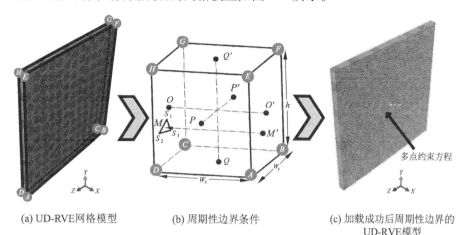

(a) UD-RVE网格模型   (b) 周期性边界条件   (c) 加载成功后周期性边界的
UD-RVE模型

图 2.3   UD-RVE 网格模型的周期性边界条件加载

表征 UD-CFRP 弹性性能时,由于全局的应变都将施加于 UD-RVE 模型中,因而施加合理的边界条件是保证模型计算结果准确的关键因素。此时 UD-CFRP 被认为是非均匀的,具有周期性的微观结构,对应的 UD-RVE 受宏观尺度的边界条件约束,其中周期性结构的位移场[112,113]可以表示为

$$u_i(x_1,x_2,x_3) = \bar{\varepsilon}_{ik}x_k + u_i^*(x_1,x_2,x_3) \qquad (2.3)$$

式中:$u_i(x_1,x_2,x_3)$ 表示 UD-RVE 的位移场;$\bar{\varepsilon}_{ik}$ 表示 UD-RVE 模型的平均应变场;x_k 表示 UD-RVE 模型中的任意点的坐标;$u_i^*(x_1,x_2,x_3)$ 表示一个 UD-RVE 模型到相邻 UD-RVE 模型的周期性函数,由于 UD-CFRP 为异质结构材料,所以代表的是周期性位移修正量。

UD-CFRP 被认为是由一组周期性的 UD-RVE 组成的,因此相邻的 UD-RVE 模型在边界上必须满足以下两个连续性条件[114]:

(1)两个相邻的 UD-RVE 模型必须保证位移是连续的,以确保在施加载荷后不会发生分离、重叠及相嵌;

（2）两个相邻的 UD-RVE 模型在应力上必须保持连续。只有这样才能保证 UD-RVE 模型能够将完整的 UD-CFRP 呈现出来。

显然，式（2.3）满足相邻单胞模型变形协调条件，但由于 $u_i^*(x_1,x_2,x_3)$ 通常为一个未知量，且依赖于所施加的全局载荷，因而该周期性边界位移场很难直接用于 UD-RVE 模型的有限元分析中。

在建立的 UD-RVE 模型中具有平行且成对的边界面，在其中一对边界面上，周期性位移场可以写为[115]

$$u_i^{j+} = \bar{\varepsilon}_{ik} x_k^{j+} + u_i^* \tag{2.4}$$

$$u_i^{j-} = \bar{\varepsilon}_{ik} x_k^{j-} + u_i^* \tag{2.5}$$

式中：上标 $j+$ 和 $j-$ 分别表示沿 x_j 轴的正方向和负方向。

由于 $u_i^*(x_1,x_2,x_3)$ 在 UD-RVE 模型中的平行相对面上是一致的，因而式（2.4）和式（2.5）相减可得

$$u_i^{j+} - u_i^{j-} = \bar{\varepsilon}_{ik}(x_k^{j+} - x_k^{j-}) \tag{2.6}$$

式（2.6）也可以表示为

$$u_i^{j+} - u_i^{j-} = \bar{\varepsilon}_{ik} \Delta x_k^j \tag{2.7}$$

对于本书中建立的 UD-RVE 模型中的每组平行相对面来说，式（2.7）中的 Δx_k^j 表示常数，因为一旦给定 $\bar{\varepsilon}_{ik}$，式（2.7）右端的位移差值就变为常数，因而式（2.7）可改写为

$$u_i^{j+}(x,y,z) - u_i^{j-}(x,y,z) = c_i^j (i,j=1,2,3) \tag{2.8}$$

基于以上推导的约束方程，UD-RVE 模型生成的网格可以很容易应用于节点位移约束中[116,117]。式（2.8）中并不含周期性位移修正量 $u_i^*(x_1,x_2,x_3)$，在建立的跨尺度模型中可以方便地通过施加多点约束方程实现边界的约束，且施加式（2.3）所给出的周期性位移边界条件，相邻边界处能够同时满足应力的连续性条件。

因而，在对 UD-RVE 模型进行划分生成网格后，应获取模型中所有边界上的节点并施加周期性边界条件，对 RVE 模型中所有网格节点上的位移进行约束，但有些节点位移方程会出现重复约束的情况，因而需要按照 UD-RVE 模型中角节点、棱边节点、面节点进行分类[118]，如图 2.3（b）所示。

其中，角节点的约束方程为

$$\begin{cases} u_E - u_D = W_x \varepsilon_x^0 + h\varepsilon_{xz}^0 \\ v_E - v_D = h\varepsilon_{yz}^0 \\ w_E - w_D = h\varepsilon_z^0 \end{cases} \quad \begin{cases} u_F - u_D = W_x \varepsilon_x^0 + W_y \varepsilon_{xy}^0 + h\varepsilon_{xz}^0 \\ v_F - v_D = W_y \varepsilon_{xy}^0 + h\varepsilon_{yz}^0 \\ w_F - w_D = h\varepsilon_z^0 \end{cases} \quad \begin{cases} u_G - u_D = W_y \varepsilon_{xy}^0 + h\varepsilon_{xz}^0 \\ v_G - v_D = W_y \varepsilon_y^0 + h\varepsilon_{yz}^0 \\ w_G - w_D = h\varepsilon_z^0 \end{cases}$$

$$\tag{2.9}$$

式(2.9)表示在 UD-RVE 模型中以顶点 D 为参考点,顶点 E、顶点 F、顶点 G 与顶点 D 的约束关系。ε_x^0,ε_y^0,ε_z^0,ε_{xy}^0,ε_{xz}^0 和 ε_{yz}^0 分别表示 RVE 模型在 6 种不同典型宏观载荷(其他的约束方程均采用一致的载荷参数),其他的顶点也可以通过采用同样的约束方程,实现周期性边界条件中各角节点线性位移约束。

棱边节点的约束方程为

$$\begin{cases} u_{EA}-u_{HD}=W_x\varepsilon_x^0 \\ v_{EA}-v_{HD}=0 \\ w_{EA}-w_{HD}=0 \end{cases} \begin{cases} u_{FB}-u_{HD}=W_x\varepsilon_x^0+W_y\varepsilon_{xy}^0 \\ v_{FB}-v_{HD}=W_y\varepsilon_y^0 \\ w_{FB}-w_{HD}=0 \end{cases} \begin{cases} u_{GC}-u_{HD}=W_y\varepsilon_{xy}^0 \\ v_{GC}-v_{HD}=W_y\varepsilon_y^0 \\ w_{GC}-w_{HD}=0 \end{cases} \quad (2.10)$$

式(2.10)表示以 UD-RVE 模型中的棱边 HD 为参考边,平行于 HD 的其他 3 条棱边上节点的约束方程。

面节点约束方程为

$$\begin{cases} u|_{x=W_x}-u|_{x=0}=W_x\varepsilon_x^0 \\ v|_{x=W_x}-v|_{x=0}=0 \\ w|_{x=W_x}-w|_{x=0}=0 \end{cases} \begin{cases} u|_{y=W_y}-u|_{y=0}=W_y\varepsilon_{xy}^0 \\ v|_{y=W_y}-v|_{y=0}=W_y\varepsilon_y^0 \\ w|_{y=W_y}-w|_{y=0}=0 \end{cases} \begin{cases} u|_{z=h}-u|_{z=0}=h\varepsilon_{xz}^0 \\ v|_{z=h}-v|_{z=0}=h\varepsilon_{yz}^0 \\ w|_{z=h}-w|_{z=0}=h\varepsilon_z^0 \end{cases} \quad (2.11)$$

式(2.11)以 UD-RVE 模型中的 $x=W_x$,$y=W_y$ 和 $z=h$ 定义为主面,将平行相对面间的节点定义为从面,对所有在主从面($O'-O$,$P'-P$ 和 $M'-M$)上施加对应的线性位移约束方程。

在有限元法中,通常采用多点约束方程来实现周期性边界条件的施加。本书通过 ABAQUS 软件约束条件加载的"Equation"功能实现对 UD-RVE 模型的周期性边界条件的施加,但 UD-RVE 中表面节点数量多且排列不规则,且对"Equation"约束条件加载涉及主从节点的选取,为提高效率,通过 Python 软件编制相应的脚本程序和加载界面,使用 ABAQUS 软件实现"Equation"约束条件的自动加载,如图 2.4 所示。周期性边界条件加载完成后的 UD-RVE 模型结果如图 2.3(c)所示。

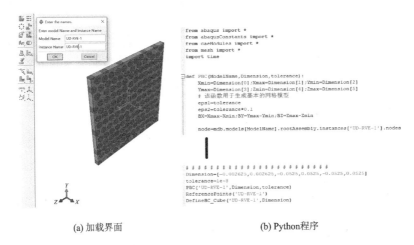

(a) 加载界面   (b) Python程序

图 2.4   UD-RVE 模型加载周期性边界条件的 Python 程序图

2.2.3   基于纤维随机分布的渐进均质化理论模型

UD-CFRP 在结构形式上相对较简单,根据建立的 UD-RVE 模型,其表征的弹性性能是均质化的横观各向同性属性,该有效弹性属性描述了 UD-CFRP 的平均材料性能,即在材料属性上表观为横观各向同性材料[37]。为了详细地表征这种渐进宏观均质化的属性,通过将每个纤维随机分布结构的 UD-RVE 模型中的应力及应变张量除以模型的体积获取其宏观应力和应变[119],即

$$\bar{\sigma}_{ij} = \frac{1}{V_{\text{UD-RVE}}} \int_V \sigma_{ij}(x,y,z)\,\mathrm{d}V_{\text{UD-RVE}} \qquad (2.12)$$

$$\bar{\varepsilon}_{ij} = \frac{1}{V_{\text{UD-RVE}}} \int_V \varepsilon_{ij}(x,y,z)\,\mathrm{d}V_{\text{UD-RVE}} \qquad (2.13)$$

在 UD-CFRP 中,由平均应力、平均应变表征的有效弹性性能,需要重新定义非均质复合介质和均质介质之间的等效性,因而需对包裹纤维随机分布的 UD-RVE 模型加载适当的边界位移或边界力,进而获取对应的应变和应力。在 UD-RVE 模型中,体积 $V_{\text{UD-RVE}}$ 中存储的总应变能 E_{strain}^* 可以表示为

$$E_{\text{strain}}^* = \frac{1}{2} \int_{V_{\text{UD-RVE}}} \sigma_{ij}\left(\frac{\partial u_i}{\partial x_j} - \frac{\partial \bar{u}_i}{\partial x_j}\right) \mathrm{d}V_{\text{UD-RVE}} + \frac{1}{2}\bar{\sigma}_{ij}\bar{\varepsilon}_{ij}V_{\text{UD-RVE}} \qquad (2.14)$$

此时,在 UD-RVE 模型中可以采用均匀结构的应变能代替非均匀结构的应变能,进而表征出相应的弹性性能。根据均质化的 UD-RVE 模型的变形,其总应变可以写成

$$E_{\text{strain}} = \frac{1}{2}\bar{\sigma}_{ij}\bar{\varepsilon}_{ij}V_{\text{UD-RVE}} \qquad (2.15)$$

式中:E_{strain} 表示均质化 UD-RVE 模型的总应变能;$\bar{\sigma}_{ij}$ 和 $\bar{\varepsilon}_{ij}$ 分别表示 UD-RVE 模型中的平均应力和平均应变;$V_{UD\text{-}RVE}$ 表示 UD-RVE 模型的体积,与式(2.2)一致。

根据文献[120]对均质化理论的描述,式(2.14)和式(2.15)基于高斯定理可以转换为面积分,即

$$E_{strain}^{*} - E_{strain} = \frac{1}{2}\int_{S_j}\sigma_{ij}(u_i - \bar{u}_i)n_j \mathrm{d}S_j \tag{2.16}$$

式中:S_j 表示第 j 个平面;n_j 表示单位向外法线;u_i 表示第 i 个点的位移;$\bar{u}_i$ 表示第 i 个点的平均位移。

由于平面 S_j 的位移与第 i 个点的位移一致,因而 E_{strain}^{*} 与 E_{strain} 的差值为 0。此外,根据式(2.12)和式(2.13)中对平均应力和应变的定义可知,等效均质材料与初始非均质材料之间的应变能是完全一致的。同理,根据高斯定理,平均应变也与 UD-RVE 的边界位移相关,故可以将式(2.13)修改为

$$\bar{\varepsilon}_{ij} = \frac{1}{V_{UD\text{-}RVE}}\int_{S_i}(u_in_j + u_jn_i)\mathrm{d}S_i \tag{2.17}$$

式中:S_i 表示 UD-RVE 模型的外边界。

式(2.17)中的相关公式使得基于边界位移计算体积平均应变成为可能,从而避免了体积积分[120],平均应力 $\bar{\sigma}_{ij}$ 是根据计算后的平均应变 $\bar{\varepsilon}_{ij}$ 得到的。

因而,根据建立的考虑纤维随机分布的 UD-RVE 模型,提取对应的应力-应变关系即可得出不同方向的刚度系数,即

$$C_{ij} = \bar{\sigma}_{ij}/\bar{\varepsilon}_{ij} \tag{2.18}$$

式中:C_{ij} 表示在不同载荷工况下对应的刚度模量。

同理,剪切工况下的剪切应变 ε_{ij} 在纯剪切变形模式中可以写成如下形式:

$$\gamma_{ij} = \varepsilon_{ij} + \varepsilon_{ji} \tag{2.19}$$

式中:γ_{ij} 表示工程剪切应变。

本书中,将剪切张量应变作为宏观应变[121]。

综上所述,本书建立的基于纤维分布的 UD-RVE 模型,仅需在 X 方向(纤维方向)施加一定大小的应力,即可根据有限元模型的分析结果得出 UD-CFRP 模型在 X,Y,Z 方向的应变,从而表征出 X 方向的弹性模量 E_1、纤维方向的泊松比 ν_{12} 及 ν_{13};若对 UD-RVE 模型单施加 Y 方向的应力,则可表征出 Y 方向的弹性模量 E_2 及横向泊松比 ν_{23};若对单胞模型施加 Z 方向的应力,则可表征出 Z 方向的弹性模量 E_3。类似的,当对 UD-RVE 模型施加不同平面的剪力时,根据对应的应变结果可分别表征出 3 个方向的剪切模量 G_{12},G_{13},G_{23}。

2.2.4 UD-RVE 模型网格尺寸优化分析及 UD-CFRP 弹性性能表征

为了探索建立的 UD-RVE 模型的网格精度与计算效率的关系,以优化出在表征 UD-CFRP 弹性性能时 UD-RVE 模型具有最佳的网格尺寸,需要注意以下几个关键步骤:

(1) 对建立的 UD-RVE 细观有限元模型采用全局较为粗糙的网格(网格尺寸为 2 μm)进行计算,确保施加的周期性边界条件具有可行性,初始仿真计算结果与实验分析结果具有可比性。对 UD-RVE 模型施加 1 MPa 宏观单位载荷应力作为载荷边界条件,并将其设定为单个分析步进行求解,得到单轴状态下的冯·米塞斯应力云图,如图 2.5(a)所示。仿真模拟获取的初步分析结果与实验结果(见图 2.13)相比表明,使用粗糙网格的细观模型表征结果与实验结果存在较大的误差。类似地,根据对不同弹性性能参数的表征参数,通过改变特定的载荷模型,依据设定的宏观应变分量可实现其他弹性模量和剪切模量的表征。

(2) 根据图 2.1 建立 Python 脚本程序,并对其进行修改,实现 UD-RVE 细观有限元模型在 0.5~1.5 μm 的范围内设置间距为 0.1 μm 的细化网格,分别表征各项弹性性能参数,其中建立的不同网格尺寸的 UD-RVE 模型包含 16752~673560 个六面体单元,为了保证跨尺度仿真模型在计算过程中发生变形后具有较高的计算效率和精度,将所有的纤维和基体的单元属性都设置为 C3D8R 减缩积分单元。不同网格尺寸下 UD-RVE 模型在仿真计算后得到的冯·米塞斯应力云图如图 2.5 所示。

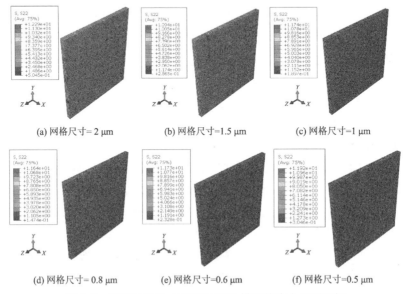

(a) 网格尺寸= 2 μm   (b) 网格尺寸=1.5 μm   (c) 网格尺寸=1 μm

(d) 网格尺寸= 0.8 μm   (e) 网格尺寸=0.6 μm   (f) 网格尺寸=0.5 μm

图 2.5 不同网格尺寸下 UD-RVE 模型的应力云图示例

（3）根据 UD-CFRP 对弹性性能表征的需求,针对不同网格尺寸的 UD-RVE 细观仿真模型分别创建了 6 个不同的求解任务,并提取对应的结果表征弹性模量和剪切模量。例如,根据在建立周期性边界条件下设置的不同加载工况($\varepsilon_X^0=1;\varepsilon_Y^0,\varepsilon_Z^0,\varepsilon_{XY}^0,\varepsilon_{XZ}^0,\varepsilon_{YZ}^0=0$)时,可以表征出对应的 C_{11} 刚度系数。同理,当在不同的加载工况基于周期性边界条件加载完成后进行加载时,获取作业可视化模块中对应的冯·米塞斯应力云图,也可以采用同样的加载方式获取其他方向上的刚度张量,其中当网格尺寸为 0.6 μm 时的应力云图如图 2.6 所示。

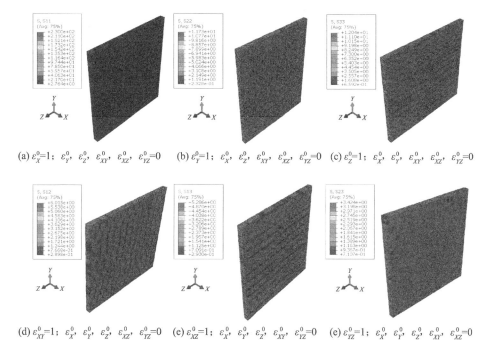

(a) $\varepsilon_X^0=1;$ $\varepsilon_Y^0,$ $\varepsilon_Z^0,$ $\varepsilon_{XY}^0,$ $\varepsilon_{XZ}^0,$ $\varepsilon_{YZ}^0=0$　(b) $\varepsilon_Y^0=1;$ $\varepsilon_X^0,$ $\varepsilon_Z^0,$ $\varepsilon_{XY}^0,$ $\varepsilon_{XZ}^0,$ $\varepsilon_{YZ}^0=0$　(c) $\varepsilon_Z^0=1;$ $\varepsilon_X^0,$ $\varepsilon_Y^0,$ $\varepsilon_{XY}^0,$ $\varepsilon_{XZ}^0,$ $\varepsilon_{YZ}^0=0$

(d) $\varepsilon_{XY}^0=1;$ $\varepsilon_X^0,$ $\varepsilon_Y^0,$ $\varepsilon_Z^0,$ $\varepsilon_{XZ}^0,$ $\varepsilon_{YZ}^0=0$　(e) $\varepsilon_{XZ}^0=1;$ $\varepsilon_X^0,$ $\varepsilon_Y^0,$ $\varepsilon_Z^0,$ $\varepsilon_{XY}^0,$ $\varepsilon_{YZ}^0=0$　(e) $\varepsilon_{YZ}^0=1;$ $\varepsilon_X^0,$ $\varepsilon_Y^0,$ $\varepsilon_Z^0,$ $\varepsilon_{XY}^0,$ $\varepsilon_{XZ}^0=0$

图 2.6　不同加载工况下 UD-RVE 模型的应力云图(网格尺寸为 0.6 μm)

通过式(2.18)表示的刚度与应力–应变的关系,可以将 UD-CFRP 的材料–本构模型定义为

$$\bar{\sigma}=C\bar{\varepsilon} \tag{2.20}$$

式中:$\bar{\sigma}$ 表示本构模型中刚度矩阵的平均应力;$\bar{\varepsilon}$ 表示本构模型中刚度矩阵的平均应变;C 表示刚度矩阵。

UD-CFRP 的正交各向异性本构模型可以表示为

$$\begin{bmatrix} \bar{\sigma}_{11} \\ \bar{\sigma}_{22} \\ \bar{\sigma}_{33} \\ \bar{\sigma}_{12} \\ \bar{\sigma}_{13} \\ \bar{\sigma}_{23} \end{bmatrix} = \begin{bmatrix} C_{11} & C_{12} & C_{13} & 0 & 0 & 0 \\ C_{12} & C_{22} & C_{23} & 0 & 0 & 0 \\ C_{13} & C_{23} & C_{33} & 0 & 0 & 0 \\ 0 & 0 & 0 & C_{44} & 0 & 0 \\ 0 & 0 & 0 & 0 & C_{55} & 0 \\ 0 & 0 & 0 & 0 & 0 & C_{66} \end{bmatrix} \begin{bmatrix} \bar{\varepsilon}_{11} \\ \bar{\varepsilon}_{22} \\ \bar{\varepsilon}_{33} \\ \bar{\varepsilon}_{12} \\ \bar{\varepsilon}_{13} \\ \bar{\varepsilon}_{23} \end{bmatrix} \qquad (2.21)$$

通过图 2.6 所示的仿真计算的分析结果可以分别获取 UD-RVE 模型中的 $\bar{\sigma}$ 和 $\bar{\varepsilon}$，其刚度系数 $C_{ij}(i,j=1,2,\cdots,6)$ 可通过式(2.21)的 **C** 矩阵进行求逆获取柔度矩阵 **S**，即

$$S = \begin{bmatrix} S_{11} & S_{12} & S_{13} & 0 & 0 & 0 \\ S_{12} & S_{22} & S_{23} & 0 & 0 & 0 \\ S_{13} & S_{23} & S_{33} & 0 & 0 & 0 \\ 0 & 0 & 0 & S_{44} & 0 & 0 \\ 0 & 0 & 0 & 0 & S_{55} & 0 \\ 0 & 0 & 0 & 0 & 0 & S_{66} \end{bmatrix} = \begin{bmatrix} C_{11} & C_{12} & C_{13} & 0 & 0 & 0 \\ C_{12} & C_{22} & C_{23} & 0 & 0 & 0 \\ C_{13} & C_{23} & C_{33} & 0 & 0 & 0 \\ 0 & 0 & 0 & C_{44} & 0 & 0 \\ 0 & 0 & 0 & 0 & C_{55} & 0 \\ 0 & 0 & 0 & 0 & 0 & C_{66} \end{bmatrix}^{-1}$$

$$(2.22)$$

此时，UD-CFRP 的各项弹性性能参数可通过式(2.22)进行表征，即

$$E_1 = \frac{1}{S_{11}}, E_2 = \frac{1}{S_{22}}, E_3 = \frac{1}{S_{33}} \qquad (2.23)$$

$$G_{12} = \frac{1}{S_{44}}, G_{13} = \frac{1}{S_{55}}, G_{23} = \frac{1}{S_{66}} \qquad (2.24)$$

由于 CFRP 中的泊松比参数可以通过弹性模量和剪切模量计算，因此本书中对所有的泊松比变量表征分析均仅需对 UD-CFRP 的弹性属性进行表征即可。

根据提取设置关键集合点的应力-应变值，本书建立的不同网格尺寸细观有限元模型的表征结果和仿真时间如图 2.7 所示。

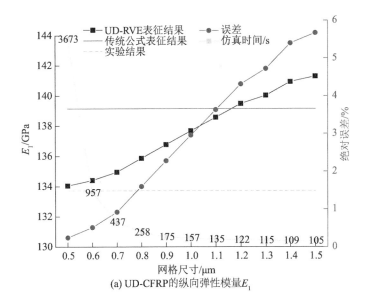

(a) UD-CFRP的纵向弹性模量E_1

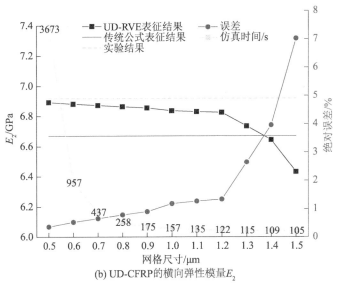

(b) UD-CFRP的横向弹性模量E_2

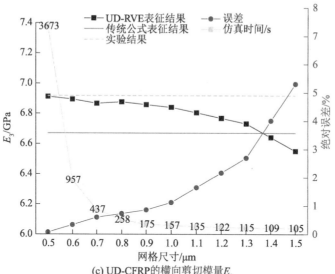

(c) UD-CFRP的横向剪切模量E_3

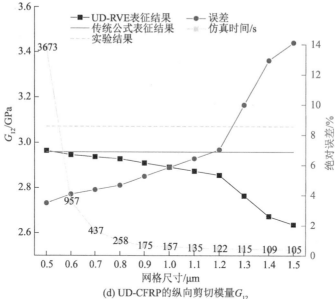

(d) UD-CFRP的纵向剪切模量G_{12}

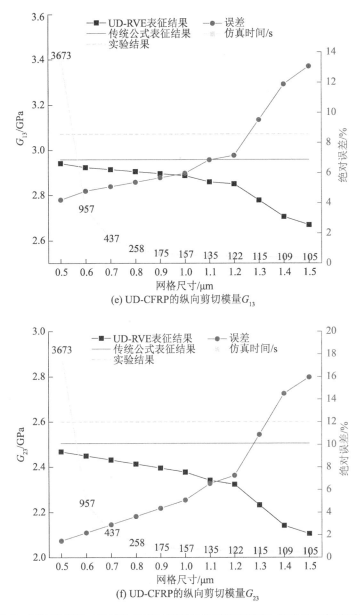

(e) UD-CFRP的纵向剪切模量G_{13}

(f) UD-CFRP的纵向剪切模量G_{23}

图 2.7　不同网格尺寸下 UD-CFRP 的弹性性能表征结果、仿真时间与绝对误差

　　为了更精确地评价跨尺度 UD-RVE 模型对 UD-CFRP 各项弹性性能参数表征的结果,本书在相同纤维和基体的弹性性能参数下,采用传统细观力学对 UD-CFRP 的弹性性能表征公式[122,123],并运用 MATLAB 软件编写了对应表征程序。其中,传统的弹性性能表征公式为

$$\begin{cases} E_1 = E_{f1}V_f + E_m(1-V_f) \\ E_2 = E_3 = (1-C)\dfrac{E_{f2}E_m}{E_mV_f + E_{f2}(1-V_f)} + C[E_{f1}V_f + E_m(1-V_f)] \\ G_{12} = G_{13} = (1-C)\dfrac{G_{f12}G_m}{G_mV_f + G_{f12}(1-V_f)} + C[G_{f12}V_f + G_m(1-V_f)] \\ G_{23} = \dfrac{E_2}{2[1+\nu_{f23}V_f + \nu_m(1-V_f)]} \\ C = 0.2(V_f - V_m) + 0.175 \end{cases} \quad (2.25)$$

式中:E 表示弹性模量(下标中,f 表示纤维,m 表示基体,i 和 j 分别表示不同方向,$i,j=1,2,3$);G_{ij} 表示剪切弹性模量;ν_{ij} 表示泊松比;V_f 表示 UD-CFRP 中的纤维体积分数;C 表示纤维间接触的黏性系数。

在图 2.7 中,将通过 UD-RVE 细观有限元模型和传统公式计算模型得出的结果与实验结果进行对比分析,可以发现它们对 UD-CFRP 的弹性性能表征结果在精度匹配上存在较大差异。当模型采用不同网格尺寸时,模型计算结果与实验结果相比,其最小误差小于 1%。传统的细观力学表征结果与细观有限元模型结果相比,当模型采用精细化网格尺寸时,其纵向(纤维方向)弹性模量 E_1 比实验结果小,而其他方向上的弹性模量表征结果比实验结果大。出现此类误差现象的主要原因如下:在高温高压下,在制备 UD-CFRP 的过程中,可能会有少量的纤维受到损伤,但传统的细观力学表征模型认为纤维之间是交联的,因而横向弹性模量 E_2 和面内剪切模量 G_{12} 的实验结果较小。实验测试的 E_2 和 G_{12} 的值略大于 UD-RVE 细观有限元模型表征结果,主要是该 UD-RVE 模型在建模过程中忽略了 UD-CFRP 会出现孔隙、微裂纹等缺陷,并且认为纤维与基体完美结合。

同时,对不同网格尺寸的 UD-RVE 跨尺度有限元模型分析结果与实验结果之间的绝对误差趋势进行分析,发现 UD-RVE 模型采用的网格尺寸越小,其误差值越小。然而,虽然表征结果的精度随网格尺寸的精细化有所提高,但是随着网格尺寸的减小模型的仿真总时间呈现出指数函数增长的趋势,如图 2.7 所示(所有模拟分析均是在 Intel 8 核心 Core i7-7700 处理器和 16 GB 内存的个人工作站中完成计算)。同样,网格尺寸的减小导致网格总数呈倍数增加,加载周期性边界条件所需要的时间也呈现出相同的增长趋势。例如,在采用粗糙网格的 UD-RVE 模型中,加载周期性边界条件的最短时间仅需几分钟,但当网格尺寸为 0.5 μm 时,需要的总时间超过 10 小时,当网格尺寸进一步精细化时,其加载时间将呈指数函数式增长。

由于仿真时间和表征结果的误差呈现反比关系,为了使 UD-RVE 跨尺度模型具有较高的仿真效率,且能够精确地表征 UD-CFRP 的弹性性能,本书将模型计算时间与表征结果的交点作为最优点,即通过调节 UD-RVE 模型的最优网格尺寸,对 UD-CFRP 弹性性能进行表征,这样既保证了精度,又兼顾了效率。从图 2.7 中可以看出,UD-RVE 模型的全局网格尺寸约为 0.67 μm 是表征纵向弹性模量 E_1 的最佳尺寸。同时,当表征横向弹性模量 E_2/E_3、面内剪切模量 G_{12}/G_{13}、层间剪切模量 G_{23} 时,其最佳网格尺寸分别为 0.75,0.75,0.6,0.6,0.7 μm。

在同一个细观有限元模型中,一旦 UD-RVE 模型的网格尺寸确定,对 UD-CFRP 中所有弹性性能的表征结果也将确定。为了平衡所有弹性性能参数的表征精度,UD-RVE 模型的全局网格尺寸设置为 0.7 μm,这样既能保证表征结果具有较高的精度,又兼顾了仿真效率。

此时,UD-CFRP 的弹性性能表征结果如表 2.2 所示。从表中可看出,所有弹性性能参数表征结果中最小绝对误差为 0.46%,对 UD-CFRP 面内剪切模量 G_{13} 的表征分析结果与实验结果出现了最大误差,约为 4.98%。

表 2.2　UD-CFRP 弹性性能表征结果

弹性性能参数	UD-RVE 表征结果/GPa	实验结果/GPa	绝对误差/%
E_1	134.6	133.723	0.66
E_2	6.878	6.918	0.58
E_3	6.886	6.918	0.46
G_{12}	2.941	3.071	4.23
G_{13}	2.918	3.071	4.98
G_{23}	2.441	2.505	2.55

2.3　MD-CFRP 弹性性能表征

由于 UD-CFRP 在组分结构层上相对单一,其某些弹性参数可以采用理论分析的方式进行建模或采用一些修正公式[28]实现表征。但是,对于多层合角度、多铺层序列的 CFRP 因其结构相互叠加,采用理论建模的方式相比于 UD-CFRP 更为复杂,计算量也大得多[124],且不同的 UD-CFRP 中纤维方向偏移 UD-CFRP 主轴方向的可能性有无穷多种,对具有不同铺层角度和不同铺层顺序的 MD-CFRP 采用实验方法获取其弹性性能需耗费大量时间、材料等资源。根据对 UD-CFRP 弹性性能的表征方法,建立对应于 MD-CFRP 的多向代表性体积单元(multidirectional representative volume element,MD-RVE)跨尺度仿真模型则可以很容易实现对 MD-CFRP 弹性性能的表征。

2.3.1　MD-RVE 结构化建模与表征分析

在 MD-CFRP 制备过程中,通过对单层 UD-CFRP 预浸料按照预设的角度进行铺设,并在真空环境下通过高温高压作用使各层预浸料间发生黏合,然后通过冷却固化工艺使其成为一个整体的受力结构件。由于各层预浸料的纤维束之间存在交错作用,因此其在加热、冷却、固化作用下依旧能保持原来的状态(不考虑纤维在 MD-CFRP 制备过程中产生断裂),各层纤维丝之间没有发生相互嵌入。由于 MD-CFRP 采用纤维束的单层预浸料固化而成,在建立组分结构的 MD-RVE 模型时采用均匀排列纤维束的方式实现建模[20,21],由于均匀排列方式通常采用正方形结构化最小 RVE 模型[35],且假设纤维丝束之间没有发生交错作用,相互没有嵌入,故 MD-RVE 模型是由多个正方体的 UD-RVE 模型组成的。[0°/90°]铺层形式的 CFRP 是最常见的 MD-CFRP,本节首先以此形式铺层的 MD-CFRP 为研究目标,表征其弹性性能。

对于[0°/90°]铺层的 CFRP,假设单丝碳纤维丝笔直地铺设在基体中,纤维丝束的界面为圆形。最小尺寸的 MD-RVE 模型根据 CFRP 单向预浸料在固化成形后的厚度和 MD-CFRP 中的纤维体积分数来确定的各边界尺寸,即

$$a_3 = \sqrt{\left[\pi(d_f/2)^2\right]/V_f} \qquad (2.26)$$

式中:a_3 表示单层 UD-RVE 模型的边界尺寸,mm;d_f 表示单束纤维的直径,mm;V_f 表示纤维体积分数。

由于制备的 MD-CFRP 在固化成形后的厚度约为 0.18 mm,即 $a_3 \approx$ 0.18 mm,纤维体积分数 $V_f \approx 59\%$,因而可得碳纤维丝的单丝直径 $d_f \approx 0.1572$ mm。基于此建立[0°/90°]铺层的 MD-RVE 模型,具体如图 2.8(a)所示。

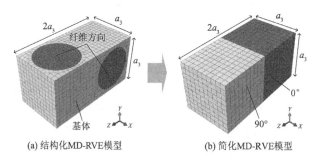

(a) 结构化MD-RVE模型　　　　(b) 简化MD-RVE模型

图 2.8　结构化 MD-RVE 与简化 MD-RVE 模型([0°/90°])

同时,与 UD-RVE 模型的整体分析过程一致,将 MD-RVE 模型划分为网格模型,分别设定纤维、基体等材料属性,并根据 MD-RVE 模型的边界尺寸加载建立的周期性边界条件。然后,分别在各个方向上对其施加 1 MPa 宏观单位载荷应力作为载荷边界条件,并将其设定为单个分析步进行求解。最后,在可视化模块中分别得到对应的冯·米塞斯应力云图,如图 2.9 所示。

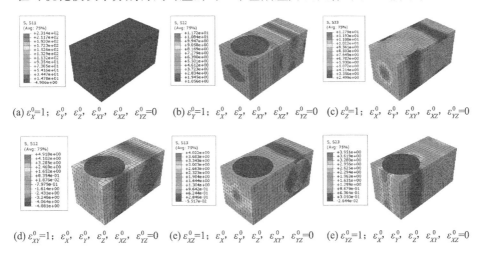

(a) $\varepsilon_X^0=1$; ε_Y^0, ε_Z^0, ε_{XY}^0, ε_{XZ}^0, $\varepsilon_{YZ}^0=0$ (b) $\varepsilon_Y^0=1$; ε_X^0, ε_Z^0, ε_{XY}^0, ε_{XZ}^0, $\varepsilon_{YZ}^0=0$ (c) $\varepsilon_Z^0=1$; ε_X^0, ε_Y^0, ε_{XY}^0, ε_{XZ}^0, $\varepsilon_{YZ}^0=0$

(d) $\varepsilon_{XY}^0=1$; ε_X^0, ε_Y^0, ε_Z^0, ε_{XZ}^0, $\varepsilon_{YZ}^0=0$ (e) $\varepsilon_{XZ}^0=1$; ε_X^0, ε_Y^0, ε_Z^0, ε_{XY}^0, $\varepsilon_{YZ}^0=0$ (e) $\varepsilon_{YZ}^0=1$; ε_X^0, ε_Y^0, ε_Z^0, ε_{XY}^0, $\varepsilon_{XZ}^0=0$

图 2.9 结构化 MD-RVE 模型的冯·米塞斯应力云图

根据图 2.9 所示在单位载荷下获取的应力-应变的响应关系,通过结构化 MD-RVE 跨尺度模型即可表征出对[0°/90°]铺层的 CFRP 在各个方向上的弹性性能参数,如表 2.3 所示。

表 2.3 [0°/90°]铺层的 MD-CFRP 表征结果

弹性性能参数	结构化 MD-RVE/GPa	简化 MD-RVE/GPa	误差/%
E_1	73.045	72.960	0.116
E_2	73.079	73.356	0.379
E_3	8.293	8.301	0.096
G_{12}	3.143	3.028	3.658
G_{13}	2.544	2.638	3.690
G_{23}	2.544	2.638	3.690

2.3.2 MD-RVE 简化建模与表征分析

MD-CFRP 的层合板结构可以由不同材料属性、不同纤维铺层、不同铺层序列的 UD-CFRP 采用相同或不同的各向异性结构组成。类似[0°/90°]铺层形式的 MD-CFRP 是由相同材质不同铺设角度的 UD-CFRP 组成的,当需要设计适用于复杂服役工况的 MD-CFRP 时,其单层预浸料铺层的方向偏离纤维主轴方向排布方式有无穷多种。当采用结构化对 MD-CFRP 进行组分建模时,容易出现建模时间较长、计算过程复杂等一系列问题,其主要原因是当改变 MD-RVE 模型中的任意一个参数(如铺层角度、纤维与基体的体积分数、铺层顺序等)时,需要对模型中的结构进行重新建模、划分网格、重新设置材料参数,且当对模型加载周期性边界条件时,由于 MD-RVE 网格模型的不规则性,其建模、计算分析过程较为烦琐,计算效率低,整体分析比较耗时。

本书提出的一种基于渐进均质化理论模型的 MD-CFRP 弹性性能表征方法,其完整的表征分析过程主要有以下几部分:

(1)在 UD-RVE 模型的基础上,通过 2.2 节的方法表征出 UD-CFRP 的弹性性能参数,按照结构化 UD-RVE 模型的边界尺寸,建立具有同等边界尺寸的简化 MD-RVE 模型;

(2)对简化 MD-RVE 模型的各层均赋予对 UD-CFRP 表征获取的弹性性能参数,同时对不同的铺层角度进行设置,并加载结构化 MD-RVE 模型的同等周期性边界条件;

(3)分别建立在不同载荷工况下的求解任务并予以计算,提取对应的分析结果的应力-应变关系,则可实现多层、多角度的 MD-CFRP 的弹性性能预测。

为验证该方法对表征结果的准确性,本节依旧以[0°/90°]铺层的 MD-CFRP 为例,对其各项弹性性能进行表征。

根据 2.2.4 节对 UD-CFRP 弹性性能表征方法的描述,基于 MD-RVE 简化模型的 MD-CFRP 弹性性能的表征过程如下:

首先,根据 2.3.1 节建立的结构化[0°/90°]铺层的 MD-RVE 模型尺寸,按照同等尺寸建立对应的简化 MD-RVE 模型。由于简化 MD-RVE 模型在各层的材料属性上都是相同材质的 UD-CFRP,因而按照表 2.2 中优化后的 UD-CFRP 弹性性能赋予相同的材料属性。

然后,对每一铺层设置不同的铺层角度,如图 2.8(b)所示,与结构化的 MD-RVE 模型的设置一致,对简化后的 MD-RVE 模型加载周期性边界条件,分别在各个方向上施加 1 MPa 宏观单位载荷应力。

最后,得到在各载荷工况下的应力-应变响应云图,获取设置的关键参考点的分析结果,基于渐进均质化理论模型表征出 MD-CFRP 的弹性性能,如图 2.10 所示。

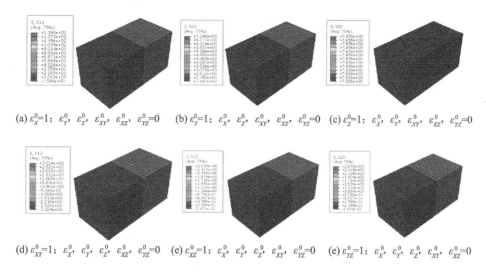

(a) $\varepsilon_X^0=1$；ε_Y^0, ε_Z^0, ε_{XY}^0, ε_{XZ}^0, $\varepsilon_{YZ}^0=0$　(b) $\varepsilon_Y^0=1$；ε_X^0, ε_Z^0, ε_{XY}^0, ε_{XZ}^0, $\varepsilon_{YZ}^0=0$　(c) $\varepsilon_Z^0=1$；ε_X^0, ε_Y^0, ε_{XY}^0, ε_{XZ}^0, $\varepsilon_{YZ}^0=0$

(d) $\varepsilon_{XY}^0=1$；ε_X^0, ε_Y^0, ε_Z^0, ε_{XZ}^0, $\varepsilon_{YZ}^0=0$　(e) $\varepsilon_{XZ}^0=1$；ε_X^0, ε_Y^0, ε_Z^0, ε_{XY}^0, $\varepsilon_{YZ}^0=0$　(e) $\varepsilon_{YZ}^0=1$；ε_X^0, ε_Y^0, ε_Z^0, ε_{XY}^0, $\varepsilon_{XZ}^0=0$

图 2.10　简化 MD-RVE 模型的应力云图

　　通过图 2.10 所示在单位载荷下获取的应力-应变的响应关系,即可表征出[0°/90°]铺层简化 MD-RVE 模型的 CFRP 在各个方向上的弹性性能,全部宏观弹性性能的表征结果如表 2.3 所示。从表 2.3 可以看出,本书提出的基于渐进均质化理论的简化 MD-RVE 模型与结构化 MD-RVE 模型的表征结果较为一致,最大的误差仅为 3.69%,其中误差主要是在对简化每层 MD-RVE 模型的材料赋予属性时采用的近似值和各项材料参数采用近似值的误差累计而引起的。同时,结果表明,在采用两种模式建立的 RVE 模型都能够准确表征出 MD-CFRP 的弹性性能,且进一步表明本书建立的周期性边界条件是行之有效的。

2.3.3　不同铺层角度的 MD-CFRP 宏观弹性性能一体化表征

　　对 CFRP 层合板进行铺层结构设计时,多角度铺层的 CFRP 在偏离以单向纤维铺层为主轴方向的可能性有无穷多种,如果采用标准的实验方法获取每种材料的弹性性能,那么需经历材料的制备、切割、实验样件检测与处理、测试数据的采集、测试结果的分析等一系列复杂过程,获取弹性性能参数的完整过程不仅耗时、耗材,而且不利于实现高性能 CFRP 的设计与优化。

　　因而,本节通过 2.3.2 节建立的简化 MD-RVE 模型,对 MD-CFRP 的单层铺层角度在 0°～90°范围的弹性性能进行表征,预测 MD-CFRP 与 UD-CFRP 铺层角度的关系。采用基于简化 MD-RVE 模型的方法,分别对模型设置每层跨度为 15°进行表征,即设置[0°/15°],[0°/30°],[0°/45°],[0°/60°]和[0°/75°]5 种不同的铺层角度,按照 2.2 节采用的表征方法分别表征出 MD-CFRP

在不同铺层角度的弹性性能,并根据 2.2 节和 2.3.2 节分别对[0°]和[0°/90°]表征的各项弹性性能,最后绘制出总体的趋势图,如图 2.11 所示。

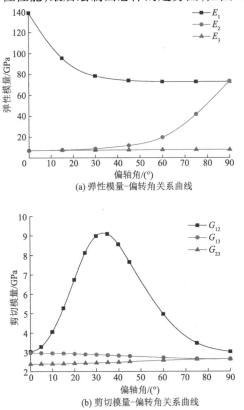

(a) 弹性模量-偏转角关系曲线

(b) 剪切模量-偏转角关系曲线

图 2.11　在不同铺层角度时 MD-CFRP 的弹性性能

从图 2.11(a)中可以看出,随着每层 UD-CFRP 之间的铺层角度的不断增大,MD-CFRP 的纵向弹性模量 E_1 在开始时迅速减小,但当每层 UD-CFRP 之间的铺层角度大于 45°时,其减小的趋势较为平缓甚至几乎不变。相反,横向弹性模量 E_2 在 UD-CFRP 之间的铺层角度大于 45°时开始逐渐变大,当铺层角度为 90°时,E_1 与 E_2 相等。然而,Z 轴方向上的横向弹性模量 E_3 随着铺层角度的不断增大,其值几乎没有发生变化。从图 2.11(b)中可以看出,随着 UD-CFRP 之间的铺层角度不断增大,在 XZ 平面上的面内剪切模量 G_{13} 逐渐减小,而在 YZ 平面内的层间剪切模量 G_{23} 值逐渐增大,但两者的变化幅度均不大,在铺层角度为 90°时两者相等。XY 平面内的面内剪切模量 G_{12} 随着铺层角度的增大,其值的变化呈现正态分布趋势,先逐步增大达到最大值后又慢慢减小,在铺层角度为 90°时其值达到最小。由于先前设定的铺层角度的跨度较大,因而在出现最大值范围内$[0°\sim45°]$重新采用跨度为 5°进行分析,以确定 MD-CFRP 面内剪切模量 G_{12} 的最大值和单层 UD-RVE 模型之间对应的铺层角度。研究发现,本书采用的型号为 T700S-12K/YPH-23 的 MD-CFRP,当其铺层角度大约为 35°时,其面内剪切模量 G_{12} 的值最大,大约为 9.1 GPa。

2.3.4　不同铺层顺序的 MD-CFRP 宏观弹性性能一体化表征

为改善 CFRP 的压缩和抗冲击性能,以保证对应结构件的整体稳定性和较高的承载能力,MD-CFRP 一般采用多角度综合铺层结构设计。其中,±45°铺层角度的铺层方式在受到挤压和冲击作用时,依旧能够保持结构的完整性和较高的承载能力,因而被广泛应用于 CFRP 结构件的设计中。但是,在基于同等铺层角度、铺层数量的前提下,不同的铺层顺序可能对 MD-CFRP 的整体宏观性能产生较大的影响。

本部分在 2.3.2 节建立的简化 MD-RVE 模型的基础上,对相同铺层角度、相同铺层数量、不同铺层顺序的 MD-CFRP 的弹性性能进行表征,分析 MD-CFRP 的弹性性能随铺层顺序变化的规律。同样,采用简化 MD-RVE 的建模方法,分别建立多层角度(0,±45°,90°)及不同铺层顺序($[0°/90°/45°/-45°]$ 和 $[0°/45°/90°/-45°]$)的 MD-RVE 模型,如图 2.12 所示。同时,与第 2.2 节采用一致的表征方法,分别对铺层角度$[0°/90°/45°/-45°]$ 和 $[0°/45°/90°/-45°]$ 的 MD-CFRP 的弹性性能进行表征,其表征结果如表 2.4 所示。

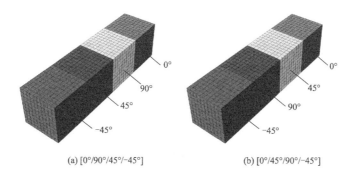

(a) [0°/90°/45°/-45°]　　　　(b) [0°/45°/90°/-45°]

图 2.12　不同铺层顺序的 MD-RVE 模型

表 2.4　不同铺层顺序的 MD-CFRP 表征结果

弹性性能参数	E_1	E_2	E_3	G_{12}	G_{13}	G_{23}
$[0°/90°/45°/-45°]$	50.944	50.9443	7.668	19.340	2.638	2.638
$[0°/45°/90°/-45°]$	50.944	50.9443	7.668	19.340	2.638	2.638
误差/%	0	0	0	0	0	0

从表2.4中可以看出,采用相同铺层数量、相同铺设角度、不同铺设顺序的 MD-CFRP 层合板,其整体宏观弹性性能表征完全一致。[0°/90°/45°/−45°]及[0°/45°/90°/−45°]两种 CFRP 层合板在材料性能上均表观为横观各向同性属性,与[0°/90°]的 MD-CFRP 相比,随着铺设角度数量的增多,纵向弹性模量 E_1、Y 轴方向的横向弹性模量 E_2 值均减小。对于 Z 轴方向的横向弹性模量 E_3、XZ 平面的面内剪切模量 G_{13}、YZ 平面的层间剪切模量 G_{23},随着铺设角度数量的增多、铺层顺序的改变,其值变化不大。层面面内剪切模量 G_{12} 值的变化较大,其主要原因可以根据 2.3.3 节分析的结论进行推测。

G_{12} 发生较大变化的主要原因如下:假设[0°/90°/45°/−45°]的 MD-RVE 模型在结构上由两个[0°/90°]简化的 MD-RVE 模型组成,其铺设的两层间铺设的角度为 45°,每层 MD-RVE 的弹性性能参数见表 2.2。根据图 2.11(b)可知,铺设角度在 45°左右时,G_{12} 值虽然不处于最大值位置,但相比于 UD-CFRP 值要大很多。MD-CFRP 中 G_{12} 的变化也较大。类似地,也可以将[0°/45°/90°/−45°]假设为两个[0°/45°]简化 MD-RVE 模型,其铺层角度为 90°,由于[0°/45°]的简化 MD-RVE 模型在铺层角度为 45°时(见图 2.11),G_{12} 的表征值虽然不处于最大值位置,但相比于单向材料其值要大很多,当两个简化 MD-RVE 模型的铺层角度为 90°时,[0°/45°/90°/−45°]简化 MD-RVE 模型中 G_{12} 值相比[0°/45°]简化 MD-RVE 模型中的 G_{12} 值变化不大,最后表征出的 G_{12} 值较大。

2.4 CFRP 弹性性能测试实验

为了验证本书提出的基于跨尺度建模的弹性性能表征方法对 CFRP 层合板的弹性性能表征的准确性,本部分针对实验室制备的相应型号为 T700S-12K/YPH-23 的 CFRP 层合板根据《ASTM D3039/D3039M—2014》和 ISO 14129 实验标准进行弹性性能测试。在相同工艺下制备的主要测试实验样件为铺层角度为[0°],[0°/35°],[0°/45°],[0°/90°],[0°/90°/45°/−45°]和[0°/45°/90°/−45°]的 CFRP 层合板。其中,铺层角度为[0°],[0°/90°],[0°/90°/45°/−45°]和[0°/45°/90°/−45°]的 CFRP 层合板主要用于拉伸测试,铺层角度为[0°]、[0°/35°]和[0°/45°]的 CFRP 层合板主要用于面内剪切测试,整体的弹性性能测试实验方案如图 2.13 所示。

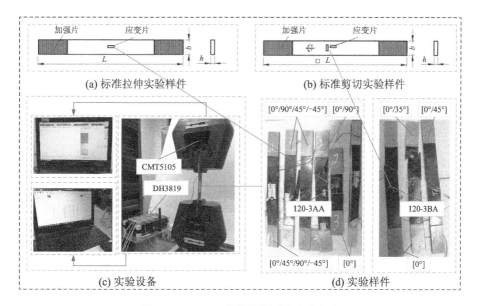

图 2.13　CFRP 弹性性能测试实验方案

2.4.1　实验设置与测试分析

采用水刀切割的方式将制备好的 CFRP 层合板制成标准拉伸和剪切实验样件,每组测试的实验样件数量不少于 5 个,且需要分别对各样件的两个端面粘贴加强片,其中加强片采用玻璃纤维材质,最终制成的标准实验样件如图 2.13(a)和 2.13(b)所示。整个实验过程采用的测试仪器为新三思 CMT5105 型电子万能实验机,其中实验机的最大拉力为 100 kN,精度等级为 20%,应变测试系统采用的是某公司提供的 120-3AA(单向)、120-3BA(纵横方向)免焊接电阻应变片,采用东华测试技术股份有限公司提供的型号为 DH3819 无线静态应变测试系统对应变信号进行记录,在测试过程中可以自动记录应变值及载荷值。

在测试前,使用螺旋测微计测量所有样件的厚度,使用游标卡尺测量其宽度,确保各样件尺寸满足测试标准要求,并仔细检查样件的外观,确保各样件纤维的布置合理,表面无翘曲、无损伤等缺陷。在测试过程中,对于 0°铺层的 UD-CFRP,横向拉伸测试时采用的位移加载速率为 1 mm/min,其余样件均采用 2 mm/min。

在整个实验测试过程中,当样件载荷约为破坏值的 20% 时,开始发出轻微响声,在测试中载荷无回落现象;当发出剧烈声响时,样件完全被破坏,载荷值迅速回落。由于碳纤维丝属于脆性材料,CFRP 的实验破坏方式为纤维崩裂,最后得到破坏的各样件如图 2.13(d)所示。在测试过程中,应变值及载荷值自动记录,并根据每组试样的力学性能曲线综合平均绘制各拉伸实验样件的应变及载荷曲线图,测试获取的力学性能曲线示例如图 2.14所示。

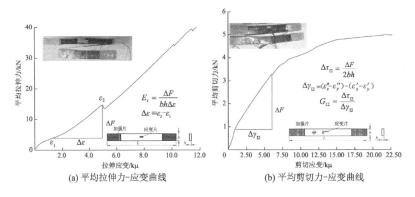

(a) 平均拉伸力-应变曲线   (b) 平均剪切力-应变曲线

图 2.14　CFRP 力学性能测试曲线

2.4.2　测试结果与讨论

不同铺层角度 CFRP 所有样件的测试结束后,首先,根据每一组实验中对多个样件采集记录的载荷及应变值,分别绘制出各样件的载荷-应变曲线图;然后,按照测试标准要求,取弹性阶段内的值计算出在不同铺层角度、不同铺层顺序下 CFRP 样件的拉伸弹性模量及剪切弹性模量,根据多个样件的计算结果求平均值;最后,分别得出各种类型 CFRP 的主要弹性性能参数,分别如图 2.15、图 2.16 和图 2.17 所示。

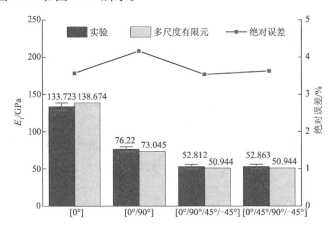

图 2.15　CFRP 的纵向弹性模量 E_1

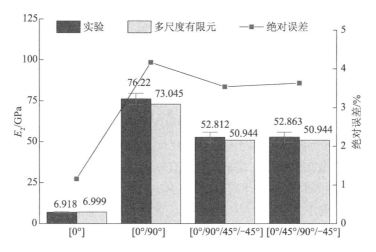

图 2.16　CFRP 的横向弹性模量 E_2

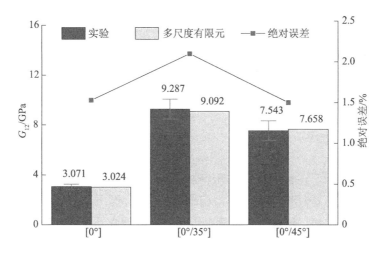

图 2.17　CFRP 的面内剪切模量 G_{12}

　　从所有样件的分析结果中可以发现,实验测试结果与跨尺度有限元分析结果间的最大误差为 4.235%,最小误差仅为 0.6558%,这验证了本书采用跨尺度有限元模型对 CFRP 弹性性能进行表征的准确性。通过对比实验测试结果与跨尺度有限元模型表征结果发现:UD-CFRP 弹性模量测试值 E_1 偏小,其他值均偏大,其主要原因是在 CFRP 的制备过程中,高温高压状态可能使少量纤维出生损伤。相反,铺层角度为[0°/90°]、[0°/90°/45°/-45°]和[0°/45°/90°/-45°]时 CFRP 的实验测试结果均比采用跨尺度模型表征结果的表征值大,其主要原因是单丝纤维之间存在交错布置,在实验测试中受拉力的作用,纤维丝束间发生胶黏、摩擦作用。

同时,从图2.15的所示结果中可以看出,$[0°/90°/45°/-45°]$和$[0°/45°/90°/-45°]$两种铺层方式的CFRP的弹性性能一致,故当CFRP铺设角度类型、铺层数量一致时,随着铺层顺序的变化,其整体的宏观弹性性能变化不大。同理,从图2.17中G_{12}的剪切模量实验结果也可以看出,铺层角度为$[0°/35°]$的CFRP的实验结果大于铺层角度为$[0°]$和$[0°/45°]$的CFRP,但整体而言G_{12}实验测试结果与表征结果之间的误差较小,这进一步验证了跨尺度有限元模型在剪切弹性模量预测上有较高的表征精度。

因而,在同等厚度的CFRP中,随着MD-CFRP铺层角度种类的增多(在合理布置的情况下),在各个方向的表观整体宏观材料性能更为平均。但是,当复杂的MD-CFRP在结构上简化为理想化的RVE模型后,两个单层最简化的RVE模型间的偏轴夹角约为35°时,与同类型的MD-CFRP相比,其具有较大的面内剪切模量G_{12}。因而,本章提出的采用RVE简化模型对弹性性能表征的方法,有助于降低建模和网格划分的难度,缩短有限元分析的计算时间,从而提高计算效率。该方法不仅可以预测多铺层角度CFRP弹性性能的变化趋势,还可以为更多铺层角度、铺层数量及不同铺层顺序的异质结构的CFRP设计提供参考,进一步为实现跨尺度钻削数值模拟奠定基础。

2.5　本章小结

本章以CFRP在微观层面的几何结构组成形式为出发点,采用CFRP渐进均质化理论与跨尺度有限元建模相结合的方法,提出了一种考虑纤维随机分布的CFRP的跨尺度弹性性能表征方法。通过建立不同类型的RVE模型,分别对UD-CFRP和不同铺层角度、铺层顺序的MD-CFRP的宏观弹性性能进行了表征,预测了MD-CFRP弹性性能随不同铺层角度、不同铺层顺序的UD-CFRP变化的关系,并采用弹性性能测试实验对表征结果进行了验证。基于以上分析,得到主要结论如下:

(1)通过建立考虑纤维随机分布的结构化UD-RVE模型以及对应的周期性边界条件,基于渐进均质化理论,实现了对UD-CFRP弹性性能的表征,并实现了对UD-RVE模型的全局网格尺寸优化分析。优化结果表明,当UD-RVE模型的网格尺寸约为0.7 μm时,既能保证表征结果具有较高的精度(最大误差为4.235%,最小误差仅为0.6558%),又具有较高的仿真效率。

(2)通过建立简化MD-RVE模型,表征了MD-CFRP的弹性性能参数。

结果表明,简化的 MD-RVE 模型可以很好地代替结构化 MD-RVE 模型实现对 MD-CFRP 宏观弹性性能的表征,从而实现变参数建模,减少建模工作量,降低网格划分的难度,提高模型计算效率,并有助于表征出多种异质结构复合材料的弹性性能。

(3)对于双向铺层的 MD-CFRP 弹性性能表征结果表明,随着 UD-CFRP 铺层角度的不断增大,纵向弹性模量 E_1 和横向弹性模量 E_2/E_3 呈反比变化关系,层间剪切模量 G_{13}/G_{23} 则变化不大。但是,面内剪切模量 G_{12} 随着偏轴角度的增大呈现出正态分布,当铺设角度大约为 35°时达到最大值,随后慢慢减小;当纤维偏轴角为 180°时 G_{12} 的值与 UD-CFRP 相差不大。

(4)对于多铺层数量、多铺层角度的 MD-CFRP 的弹性性能表征结果表明,在铺层角度、铺层数量一致的前提下,不同铺层顺序的 MD-CFRP 表现出的宏观弹性性能是一致的。

第二章图

第 3 章

基于微观力学失效理论的 CFRP 动态渐进损伤演化模型

3.1 引言

  传统的 CFRP 钻削数值分析方法的损伤缺陷主要表现为多损伤机制耦合作用下的混合失效,其损伤主要包含萌生、累积、演变直至单元失效等复杂过程。目前,在工程应用方面,关于 CFRP 在切削加工领域的损伤萌生、强度准则应用较广泛的是均质化宏观失效理论模型。这些失效理论主要有最大应力、最大应变、Tsai-Wu、Tsai-Hill、Hashin、Puck、Chang-Chang 等准则。这些失效理论大部分基于宏观尺度层面进行判断,且大多数基于数学近似公式进行失效分析。即在仿真分析中,将 CFRP 视为均质材料来确定损伤模式,其预测结果通常难以模拟材料在产生破坏时的真实失效机理。由于 CFRP 是一种多相材料且具有宏微观特性,这些理论模型并没有考虑组成纤维和基体力学性能的不同所引起的局部应力差异的影响,其预测结果在参数的数值量化方面与实验测试结果相比依旧有一定差距。此外,这些宏观失效理论通常将 CFRP 层合板假设为二维状态,对厚度方向上的应力进行了简化,对较厚的 CFRP 构件进行受力分析时,其仿真损伤分析结果难以达到在工程应用领域中直接被采纳的满意程度。同时,对于类似于钻削过程模拟等动态复杂工况来说,尤其要考虑 CFRP 工件在厚度方向上的应力、应变。如果从微观尺度的角度来建立由纤维和基体组成的 CFRP 分析模型,那么会受限于计算机的计算能力和计算效率等因素,无法进行有效模拟。因而,为更准确地模拟钻削时产生的各种损伤现象,建立基于宏-细观跨尺度模型的 CFRP 新型动态渐进损伤演化模型尤为重要。

  韩国汉阳大学的 HA 教授[125]在 2007 年提出了一种面向复合材料失效模

型的微观力学失效理论(micro mechanics of failure,MMF)模型。该理论模型主要通过周期性 RVE 模型实现对复合材料中涉及的纤维、基体以及界面的失效分析,并提出从 RVE 模型中提取相关的分析结果,进而反映出其整体宏观力学属性,并通过有限元计算方法实现复合材料跨尺度失效分析[126]。但是,最初的 MMF 失效理论模型计算复合材料整体应力时,采用较为复杂的线性插值法计算宏观损伤变量,由于存储了多个损伤状态,因此这种计算宏观损伤变量方法的有限元迭代计算量大幅度增加。如果不预先存储当前损伤状态,那么其 MMF 的特征参数会大幅度增加线性插值计算的复杂程度,促使仿真计算结果与实验结果的匹配性较差。另外,作者提出的初始理论模型仅适用于静态的模拟,其适用范围较窄,只对 CFRP 层合板的拉伸进行了模拟。

　　因而,本章在跨尺度模型和初始 MMF 理论模型[125]的基础上,在宏-细观层面对 CFRP 中纤维和基体的微观物理失效形式进行了研究,建立了基于 MMF 失效理论的 CFRP 新型动态渐进损伤演化模型,以实现切削、碰撞等工况下的动态跨尺度模拟分析。

3.2　基于 CFRP 微观力学失效理论的跨尺度数值模拟方法

　　基于微观力学失效模型的跨尺度数值模拟方法通过建立 CFRP 结构与各组分之间的联系,模拟对应结构在宏观载荷作用下,其细观单元模型的损伤、失效过程。如图 3.1 所示,MD-CFRP 可以假设为 UD-CFRP 按照一定的铺层角度、铺层顺序叠加而成,通过对 UD-CFRP 纤维分布进行合理简化,可以建立起对应的 RVE 模型。基于微观力学分析结果建立起纤维、基体等与 UD-CFRP 的联系,通过纤维与基体的力学性能可推算出 UD-CFRP 性能,同样也可以 UD-CFRP 的宏观应力计算出纤维与基体的微观应力,从而实现 CFRP 由组分到结构的跨尺度分析。

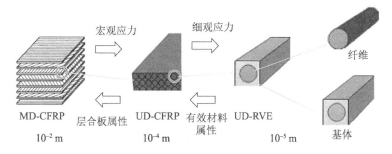

图 3.1　基于微观力学理论的跨尺度分析方法

同时,在宏观载荷的作用下,分别对纤维、基体等建立对应的微观力学损伤失效模型,进而实现在动态接触工况下的跨尺度模型单元的失效判断,损伤演化直至单元删除,以模拟其材料去除的过程。

3.2.1　UD-CFRP 微观应力的计算

宏观 CFRP 层合板的力学性能主要由微观纤维和基体成分的性质决定。根据第 2 章对 CFRP 弹性性能表征的表述,碳纤维具有线弹性、易脆性、低韧性等特点,其力学性能为横观各向同性,在动态渐进损伤演化过程中,基体假定为各向同性和具有韧性的属性。UD-CFRP 层合板宏观单元在结构层面通常被认定为均匀的,且在宏观层面为横观各向异性,由于纤维和基体具有不同的力学性能,在受外部载荷作用时,模型的局部应力-应变分布具有较大的差异。此时,CFRP 层合板结构的宏观应力与各组分结构微观应力通过应力放大系数[127](stress amplification factors,SAFs)进行桥联,SAFs 可以通过包含纤维、基体的代表性体积单元(representative volume element,RVE)的有限元分析结果获得。在获取 SAFs 后,通过宏-微观转化方程实现宏观应力向微观应力的转化,其中,宏-微观转化方程的表达式如式(3.1)至式(3.3)所示[125-131],即

$$\boldsymbol{\sigma}_i = \boldsymbol{M}_\sigma^{pk(n)} \overline{\boldsymbol{\sigma}}_j \tag{3.1}$$

$$\begin{cases} \boldsymbol{\sigma}_i = \begin{bmatrix} \sigma_1 & \sigma_2 & \sigma_3 & \sigma_4 & \sigma_5 & \sigma_6 \end{bmatrix}^\mathrm{T} \\ \overline{\boldsymbol{\sigma}}_j = \begin{bmatrix} \overline{\sigma}_1 & \overline{\sigma}_2 & \overline{\sigma}_3 & \overline{\sigma}_4 & \overline{\sigma}_5 & \overline{\sigma}_6 \end{bmatrix}^\mathrm{T} \end{cases} \tag{3.2}$$

$$\boldsymbol{M}_\sigma^{pk(n)} = \begin{bmatrix} M_\sigma^{11} & M_\sigma^{12} & M_\sigma^{13} & M_\sigma^{14} & M_\sigma^{15} & M_\sigma^{16} \\ M_\sigma^{21} & M_\sigma^{22} & M_\sigma^{23} & M_\sigma^{24} & M_\sigma^{25} & M_\sigma^{26} \\ M_\sigma^{31} & M_\sigma^{32} & M_\sigma^{33} & M_\sigma^{33} & M_\sigma^{34} & M_\sigma^{35} \\ M_\sigma^{41} & M_\sigma^{42} & M_\sigma^{43} & M_\sigma^{44} & M_\sigma^{45} & M_\sigma^{46} \\ M_\sigma^{51} & M_\sigma^{52} & M_\sigma^{53} & M_\sigma^{54} & M_\sigma^{55} & M_\sigma^{56} \\ M_\sigma^{61} & M_\sigma^{62} & M_\sigma^{63} & M_\sigma^{64} & M_\sigma^{65} & M_\sigma^{66} \end{bmatrix}^{(i)} \tag{3.3}$$

式中:σ_i 表示纤维或基体 n 点处的应力,n 为受力分析点,$1 \le i \le 6$;$\overline{\sigma}_j$ 表示 CFRP 层合板的宏观应力分量,$1 \le j \le 6$;$\boldsymbol{M}_\sigma^{pk(n)}$ 表示在机械载荷作用下 n 处的 SAFs,$1 \le p \le 6$,$1 \le k \le 6$。

3.2.2　基于结构化 UD-RVE 模型的 SAFs 获取

基于 MMF 失效理论模型,对 RVE 模型设置一些能够表观出纤维和基体损伤的参考点,根据模型的仿真结果提取纤维和基体的微观应力,可以获取 SAFs。根据在 2.2 节中对基于渐进均质化理论的 UD-CFRP 表征方法的描

述,采用 UD-RVE 模型完整表征分析后提取对应参考点的关键应力。但是,
由于建立的 UD-RVE 模型尺寸较大,涉及的节点单元数量较多,如果输出所
有节点的应力结果,就会产生较为庞大的数据量,且程序调用时读取的数据
量也同时增大,进而使得计算效率低下。此外,由于 UD-RVE 模型采用的不
是结构化网格模型,关键点处的应力提取很复杂,因而在对 CFRP 钻削预制孔
的跨尺度有限元建模进行分析时,简化处理需采用 UD-RVE 模型,并基于 UD-
RVE 模型在不同载荷工况下获取的分析结果,设置关键参考点用于损伤失效
判断分析,如图 3.2 所示。

对完整结构化 UD-RVE 模型的分析表明,长方形结构 UD-RVE 模型的交
错型排列更接近于纤维随机分布情况,且长方形模型[见图 3.2(c)]相比于
正方形模型[见图 3.2(b)]更准确[73,132],因此本书采用长方形 UD-RVE 模型
进行分析。

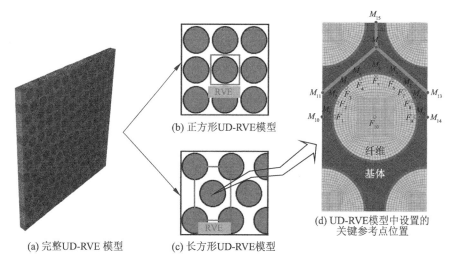

(a) 完整UD-RVE 模型 (b) 正方形UD-RVE模型 (c) 长方形UD-RVE模型

(d) UD-RVE模型中设置的
关键参考点位置

图 3.2 UD-RVE 模型简化与关键参考点设置

在采用长方形 UD-RVE 模型按照 2.2 节中的研究内容完成关于其弹性性
能的表征、纤维与基体的应力-应变关系等全部分析后,根据 MMF 理论,需在
长方形的 UD-RVE 模型中不同组分结构内选取具有代表性的关键点来获取
SAFs;当模型出现初始损伤时,损伤单元应尽可能包含在关键点区域内从而
实现失效判断,故根据 UD-RVE 模型在多轴载荷作用下选择最危险点来判断
位于纤维或基体中节点的失效情况。本书在简化的 UD-RVE 模型中针对各
组分结构选择的代表性关键点如图 3.2(d)所示,其中在纤维单元模型中选取
了 10 个参考点($F_1 \sim F_{10}$),基体单元模型中选取了 15 个参考点($M_1 \sim M_{15}$)。

$M_\sigma^{pk(i)}$ 通过 UD-RVE 模型线性有限元分析中设置的关键参考点提取。获取 $M_\sigma^{pk(i)}$ 采用的计算表达式为

$$M_\sigma^{pk(i)} = \psi / \overline{\psi} \tag{3.4}$$

其中,

$$\begin{cases} \psi = \begin{bmatrix} \zeta_1 & \zeta_2 & \zeta_3 & \zeta_4 & \zeta_5 & \zeta_6 \end{bmatrix}_{6\times6} \\ \overline{\psi} = \begin{bmatrix} \overline{\zeta}_1 & \overline{\zeta}_2 & \overline{\zeta}_3 & \overline{\zeta}_4 & \overline{\zeta}_5 & \overline{\zeta}_6 \end{bmatrix}_{6\times6} \end{cases} \tag{3.5}$$

式中:$\zeta_i (i=1,2,3,4,5,6)$ 表示 UD-RVE 模型中每个关键参考点在 6 种宏观载荷工况下产生的微观应力矩阵;$\overline{\zeta}_i (i=1,2,3,4,5,6)$ 表示 UD-RVE 模型中 6 种宏观均匀应力载荷工况。

其中,ζ_i 和 $\overline{\zeta}_i$ 的计算公式如下:

$$\zeta_i = \begin{bmatrix} \sigma_{11} \\ \sigma_{22} \\ \sigma_{33} \\ \sigma_{12} \\ \sigma_{23} \\ \sigma_{13} \end{bmatrix}, \overline{\zeta}_i = \begin{bmatrix} \overline{\sigma}_{11} \\ \overline{\sigma}_{22} \\ \overline{\sigma}_{33} \\ \overline{\sigma}_{12} \\ \overline{\sigma}_{23} \\ \overline{\sigma}_{13} \end{bmatrix} \quad (i=1,2,3,4,5,6) \tag{3.6}$$

式中:$\sigma_i (i=11,22,33,12,23,13)$ 表示 UD-RVE 模型在施加 6 种宏观应力载荷分析后得到微观应力;$\overline{\sigma}_i (i=11,22,33,12,23,13)$ 表示 UD-RVE 模型施加的 6 种宏观应力载荷。其中,11,22,33 分别表示沿 X,Y,Z 方向的宏观拉伸;12,23,13 分别表示沿 Z,X,Y 平面的宏观剪切,如图 3.3 所示。

以 X 方向拉伸为例,对简化 UD-RVE 模型施加单位载荷为 1 MPa 的宏观拉伸应力,宏观应力 $\overline{\zeta}_i$ 矩阵等于 $[1\ 0\ 0\ 0\ 0\ 0]^T$,根据模型计算结果提取关键点处的微观应力,在 UD-RVE 模型中设置的关键参考点获取的 SAFs 为 $[M_\sigma^{11}\ M_\sigma^{21}\ M_\sigma^{31}\ M_\sigma^{41}\ M_\sigma^{51}\ M_\sigma^{61}]^T$。根据此类方法,分别对 UD-RVE 模型施加 6 种不同数值的宏观载荷即可分别获取 SAFs。

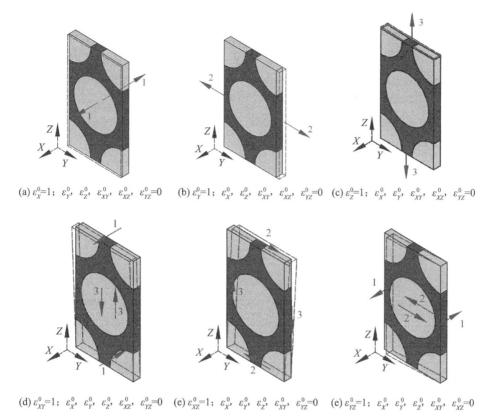

(a) $\varepsilon_X^0=1$；ε_Y^0，ε_Z^0，ε_{XY}^0，ε_{XZ}^0，$\varepsilon_{YZ}^0=0$ (b) $\varepsilon_Y^0=1$；ε_X^0，ε_Z^0，ε_{XY}^0，ε_{XZ}^0，$\varepsilon_{YZ}^0=0$ (c) $\varepsilon_Z^0=1$；ε_X^0，ε_Y^0，ε_{XY}^0，ε_{XZ}^0，$\varepsilon_{YZ}^0=0$

(d) $\varepsilon_{XY}^0=1$；ε_X^0，ε_Y^0，ε_Z^0，ε_{XZ}^0，$\varepsilon_{YZ}^0=0$ (e) $\varepsilon_{XZ}^0=1$；ε_X^0，ε_Y^0，ε_Z^0，ε_{XY}^0，$\varepsilon_{YZ}^0=0$ (e) $\varepsilon_{YZ}^0=1$；ε_X^0，ε_Y^0，ε_Z^0，ε_{XY}^0，$\varepsilon_{XZ}^0=0$

图 3.3   简化 UD-RVE 模型载荷工况的施加

3.2.3   CFRP 组分结构的微观力学损伤演化模型

通过 UD-RVE 模型中设置的各个关键参考点获取 SAFs 后,根据式(3.1)可以计算出各个参考点的微观应力,并用于模型初始损伤的判断。由于纤维和基体的力学性能迥异,需采用不同的微观应力失效准则。在初始的 MMF 理论中,虽然 HA 等[125]和 JIN 等[128]提出采用最大应力、最大应变失效准则对纤维的损伤失效进行判断,并较准确地预测了开孔拉伸试验件损伤,但其完整的分析过程为仅受单一载荷作用下的准静态加载分析,关于 CFRP 层合板钻削过程的有限元仿真模拟则涉及多种损伤的动态切削,且综合了各种载荷(拉压、剪切等)状态,故需采用更为准确的失效准则来表观纤维在微观尺度下的损伤机理演化。由于纤维单丝的力学性能与 UD-CFRP 单层板在材料属性上类似,所以本书针对纤维在微观尺度上的失效,采用 Tsai-Wu 失效准则判定损伤,而基体在微观尺度上采用改进的冯·米塞斯屈服准则判定损伤。

3.2.3.1　纤维失效判定准则及损伤演化本构

纤维丝的力学性能是横观各向同性,其纵向的拉压强度相比于横向的拉压强度要高得多,故本书认为采用一阶和二阶应力不变量的二次破坏准则来评价多轴应力的综合效应较为合理。纤维的二阶应力失效准则和层合板铺层的基于 Tsai-Wu 准则的失效判据[130] 较为相似。本书建立的是三维状态下的 CFRP 钻削有限元模型,针对纤维的失效判定涉及 6 个应力分量。

$$f_1\sigma_1+f_2\sigma_2+f_3\sigma_3+f_{11}\sigma_1^2+f_{22}\sigma_2^2+f_{33}\sigma_3^2+$$

$$2f_{12}\sigma_1\sigma_2+2f_{23}\sigma_2\sigma_3+2f_{13}\sigma_1\sigma_3+f_{44}\sigma_4^2+f_{55}\sigma_5^2+f_{66}\sigma_6^2=1 \quad (3.7)$$

式中:f_i 和 f_{ij} 分别表示在各个 i 方向和平面 ij 的强度张量,$i,j=1,2,3$(1 表示纤维纵向);σ_i 表示纤维在微观尺度上的法向应力。

其中,各强度张量的表达式如下:

$$\begin{cases} f_1=\dfrac{1}{X_f^T}-\dfrac{1}{X_f^C};\ f_2=\dfrac{1}{Y_f^T}-\dfrac{1}{Y_f^C};\ f_3=\dfrac{1}{Z_f^T}-\dfrac{1}{Z_f^C} \\[2mm] f_{11}=\dfrac{1}{X_f^T X_f^C};\ f_{22}=\dfrac{1}{Y_f^T Y_f^C};\ f_{33}=\dfrac{1}{Z_f^T Z_f^C} \\[2mm] f_{44}=\dfrac{1}{(S_f^{YZ})^2};\ f_{55}=\dfrac{1}{(S_f^{XZ})^2};\ f_{66}=\dfrac{1}{(S_f^{XY})^2} \\[2mm] f_{12}=-\dfrac{1}{2\sqrt{X_f^T X_f^C Y_f^T Y_f^C}};\ f_{23}=-\dfrac{1}{2\sqrt{Y_f^T Y_f^C Z_f^T Z_f^C}};\ f_{13}=-\dfrac{1}{2\sqrt{Z_f^T Z_f^C X_f^T X_f^C}} \end{cases} \quad (3.8)$$

式中:X_f,Y_f,Z_f 表示纤维在微观尺度上各方向的失效强度(上标 T 表示拉伸状态,C 表示压缩状态),S_f^{ij} 表示纤维在微观尺度上各方向的剪切强度($i,j=X,Y,Z$)。

虽然 HA 等[125] 和 JIN 等[128] 在 MMF 初始失效准则中提出了几种简单的刚度退化模式,但都仅限于材料的弹性模量或剪切模量瞬间折减为 0 或较小值的情况,这些退化方式一般会造成结构的提前破坏[133,134]。通常将纤维丝假设为硬脆材料,基体是黏塑性材料,而纤维和基体之间包覆会产生一层黏性结合层,引起其刚度退化方式发生变化,采用刚度瞬间折减为 0 的退化方式与实验测试结果存在较大误差。由于纤维丝尺寸属于微观尺度(见图 3.1),在钻头切削作用下主要表观为 X 方向和 Y 方向上拉压失效状态,其退化状态应该是连续退化的,如线性退化或非线性退化等。纤维在 X 方向拉压状态下的损伤演化规律可表示为

$$d_f^{T(C)}=\dfrac{\varepsilon_{f,1}^{T(C)}}{\varepsilon_{f,1}^{T(C)}-\varepsilon_{0,1}^{T(C)}}\left(1-\dfrac{\varepsilon_{0,1}^{T(C)}}{\varepsilon_{11}}\right) \quad (3.9)$$

式中：$d_f^{T(C)}$ 表示在 UD-RVE 模型中纤维上所有参考点定义的损伤系数（上标 T 表示拉伸状态，C 表示压缩状态）；$\varepsilon_{f,1}^{T(C)}$ 表示当损伤变量达 1 时（即纤维失效）的最大应变；ε_{11} 表示实际应变；$\varepsilon_{0,1}^{T(C)}$ 表示初始损伤应变。

获取各类型损伤应变的表达式如下：

$$\varepsilon_{f,1}^{T(C)} = \frac{2\Gamma_f^{T(C)}}{X_f^{T(C)} L} \tag{3.10}$$

$$\varepsilon_{0,1}^{T(C)} = \frac{X_f^{T(C)}}{E_{f1}} \tag{3.11}$$

式（3.10）和式（3.11）中：Γ_f^T 表示纤维断裂应变能释放率临界值；X_f^T 和 X_f^C 分别表示纤维在微观尺度上的纵向拉伸强度和压缩强度；L 表示纤维微观单元特征长度，主要与单元的尺寸及构造形式相关[135]。

本书中 CFRP 模型中纤维的所有单元均采用六面体单元类型，其可能发生破坏的区域均具有相同的面内长度，因而单元特征长度计算的方程可用下式表示：

$$L = \sqrt{\frac{L_{initial}^3}{l_z}} \tag{3.12}$$

式中：$L_{initial}$ 表示有限元软件中获取的初始单元特征长度，在材料调用子程序中通过 VUMAT 内嵌"CHAR_LENGTH"函数控制[136]；l_z 表示单元体在全局坐标系下沿 Z 方向的尺寸，如图 3.4(a)所示。

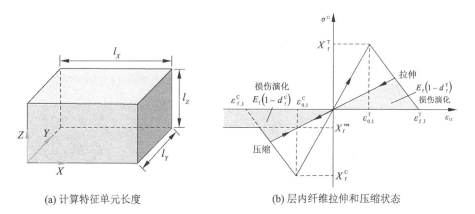

(a) 计算特征单元长度　　　　　(b) 层内纤维拉伸和压缩状态

图 3.4　单元特征长度计算与纤维失效状态

对于拉伸模型，当 $d_f^T = 1$ 时，材料在 1 方向上彻底失效。对于压缩模型，纤维压缩是由微屈曲机制引起的，如扭折带，纤维单元断裂后依旧存有部分

残余承载能力 X_f^{res}，具体失效模式如图 3.4（b）所示。因此，需要在判定纤维微观层面失效子程序中控制压缩损伤状态变量的值介于 0~1 之间。FAGGIANI 等[136]认为 1 方向的剩余强度和 2 方向的极限强度相当，即 $X_f^{\text{res}} \approx Y_f^{C}$。

　　因而，将单丝纤维在微观尺度下的本构-损伤关系定义为

$$\begin{cases} \sigma_f = (1 - d_f^{\text{T(C)}}) C_f \varepsilon_f \\ E_{f1}^{d,\text{T(C)}} = (1 - d_f^{\text{T(C)}}) E_{f1} \\ E_{f2}^{d,\text{T(C)}} = (1 - d_f^{\text{T(C)}}) E_{f2} \end{cases} \tag{3.13}$$

式中：σ_f，C_f，ε_f 分别表示纤维在微观尺度下的应力、刚度和应变；$E_{f1}^{d,\text{T(C)}}$ 和 $E_{f2}^{d,\text{T(C)}}$ 分别表示纤维在微观尺度下的纵向和横向损伤弹性模量；E_{f1} 和 E_{f2} 分别表示纤维在微观尺度的纵向和横向未发生的损伤弹性模量。

3.2.3.2　基体失效判定准则及损伤演化本构

　　基体的力学性能为各向同性属性，但其拉伸强度和压缩强度存在较大的差异，对基体失效预测时，传统的冯·米塞斯或各向同性的延性材料失效准则并不适用[128]，主要原因是这些失效准则并不取决于静水压力应力分量。当基体受到外载荷作用时，为实现其在微观尺度下的失效预测，应采用与静水压力相关的失效准则进行判定。因此，本书采用改进的冯·米塞斯屈服失效准则产生的损伤进行预测[137,138]。基体在微观尺度下受拉压载荷作用的损伤-失效演化模型如图 3.5 所示，对其初始损伤判断的表达式如下：

$$\frac{\sigma_{\text{VM}}^2 + I_1 (C_{mi} - T_{mi})}{C_{mi} T_{mi}} = 1 \tag{3.14}$$

式中：T_{mi} 和 C_{mi} 分别表示基体的初始拉伸强度和压缩强度；σ_{VM} 和 I_1 分别表示冯·米塞斯等效应力和第一应力不变量，可表示为

$$\begin{cases} \sigma_{\text{VM}} = \sqrt{\dfrac{1}{2} [(\sigma_{m1} - \sigma_{m2})^2 + (\sigma_{m2} - \sigma_{m3})^2 + (\sigma_{m1} - \sigma_{m3})^2 + 3 (\sigma_{m4}^2 + \sigma_{m5}^2 + \sigma_{m6}^2)]} \\ I_1 = \sigma_{m1} + \sigma_{m2} + \sigma_{m3} \end{cases}$$

$$\tag{3.15}$$

式中：σ_{mi} 表示基体在微观尺度下的 3 个方向上的主应力（$i=1,2,3$）和 3 个平面内的剪切应力（$i=4,5,6$）。

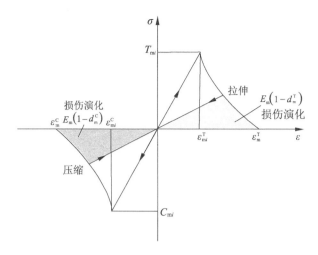

图 3.5　基体损伤−失效演化模型

在仿真计算过程中,若基体的应力值大于拉伸或压缩强度值,则发生损伤,同时其刚度随之下降。考虑基体的拉伸强度与压缩强度存在较大的差异,在初始 MMF 失效准则理论基础上,本书采用 STASSI 等效应力 σ_{eq}[137,138] 对基体的损伤演化进行定义,其表达式为

$$\sigma_{eq} = \frac{(\beta-1)I_1 + \sqrt{(\beta-1)^2 I_1^2 + 4\beta\sigma_{VM}^2}}{2\beta} \tag{3.16}$$

式中:β 表示基体的初始压缩强度与拉伸强度比,即 $\beta = C_{mi}/T_{mi}$。

在 UD-RVE 模型中,基体的损伤是通过应力状态进行确定的,其损伤状态变量的取值范围在 0~1 之间,在初始损伤判定后,其损伤演化规律 $\bar{d}_m^{T(C)}$ 和等效应力可表达为[129,131]

$$\dot{\bar{d}}_m^{T(C)} = \frac{\kappa\gamma}{T_{mi}}(1 - d_m^{T(C)}) \tag{3.17}$$

$$f(\sigma_{eq}, \kappa_m) = \sigma_{eq} - \kappa_m \tag{3.18}$$

式中:$d_m^{T(C)}$ 表示 UD-RVE 模型基体上所有参考点定义的损伤系数(上标 T 表示拉伸状态,C 表示压缩状态);γ 表示校准单轴应力-应变曲线损伤状态参数,其值基于测试数据,通过宏观材料属性反向求解得到;κ_m 表示在一个压缩强度 T_{mi} 标准值的历程变量,初始损伤和更新需要根据 Kuhn-Tucker 加载−卸载条件进行确定,即

$$f \leq 0, \dot{\kappa}_m \geq 0, f\dot{\kappa}_m = 0 \tag{3.19}$$

根据式(3.17),基体在压缩和拉伸状态下的损伤系数 $d_{\mathrm{m}}^{\mathrm{T(C)}}$ 可表示为

$$d_{\mathrm{m}}^{\mathrm{T(C)}} = 1 - \exp\left[\gamma\left(1 - \frac{\sigma_{\mathrm{eq}}}{T_{\mathrm{m}i}}\right)\right] \tag{3.20}$$

因而,若基体发生失效,则其对应的单元开始发生损伤,且基体的刚度会随着基体内部累积的损伤量的增加而降低。假设损伤初始和演化规律都是各向同性的,考虑刚度退化的损伤关系,对纤维在微观尺度下的损伤–失效演化如图3.5所示,其完整的表达式为

$$\begin{cases} \sigma_{\mathrm{m}} = \left[1 - d_{\mathrm{m}}^{\mathrm{T(C)}}\right] C_{\mathrm{m}} \varepsilon_{\mathrm{m}} \\ E_{\mathrm{m}}^{\mathrm{T(C)}} = \left(1 - d_{\mathrm{m}}^{\mathrm{T(C)}}\right) E_{\mathrm{m}} \end{cases} \tag{3.21}$$

式中: σ_{m}, C_{m}, ε_{m} 分别表示基体在微观尺度下的应力、刚度和应变; $E_{\mathrm{m}}^{\mathrm{T(C)}}$ 和 E_{m} 分别表示基体在微观尺度下的损伤弹性模量和没有损伤的弹性模量; $d_{\mathrm{m}}^{\mathrm{T(C)}}$ 表示 UD-RVE 模型在微观尺度下所有基体上参考点的最大损伤系数。

3.2.3.3　基于新型损伤演化规律的宏观损伤变量的计算

在获取每个单元的损伤变量,并满足失效准则后,CFRP 宏观的本构模型在损伤状态下,其刚度矩阵 $\boldsymbol{C}_{ij}^{d}$ 的更新表达式如下:

$$\boldsymbol{C}_{ij} = \begin{bmatrix} (1-d_{\mathrm{L}})C_{11}^{0} & (1-d_{\mathrm{L}})(1-d_{\mathrm{T}})C_{12}^{0} & (1-d_{\mathrm{L}})C_{13}^{0} & 0 & 0 & 0 \\ (1-d_{\mathrm{L}})(1-d_{\mathrm{T}})C_{12}^{0} & (1-d_{\mathrm{T}})C_{22}^{0} & (1-d_{\mathrm{T}})C_{23}^{0} & 0 & 0 & 0 \\ (1-d_{\mathrm{L}})C_{13}^{0} & (1-d_{\mathrm{T}})C_{23}^{0} & C_{33}^{0} & 0 & 0 & 0 \\ 0 & 0 & 0 & (1-d_{\mathrm{T}})C_{44}^{0} & 0 & 0 \\ 0 & 0 & 0 & 0 & (1-d_{\mathrm{L}})C_{55}^{0} & 0 \\ 0 & 0 & 0 & 0 & 0 & (1-d_{\mathrm{L}})(1-d_{\mathrm{T}})C_{66}^{0} \end{bmatrix}$$

$$\tag{3.22}$$

式中: d_{L} 和 d_{T} 分别表示 CFRP 的纵向和横向宏观损伤变量; $C_{ij}^{0}(i,j=1\sim6)$ 表示 CFRP 宏观材料–本构模型中的未损伤刚度系数,即 CFRP 结构模型的初始本构模型系数,其表达式为[138,139]

$$\begin{cases} C_{11}^{0} = \dfrac{E_1(1-\nu_{23}\nu_{32})}{\varLambda}, \ C_{12}^{0} = \dfrac{E_2(1-\nu_{13}\nu_{32})}{\varLambda}, \ C_{13}^{0} = \dfrac{E_3(\nu_{13}-\nu_{12}\nu_{23})}{\varLambda} \\ C_{22}^{0} = \dfrac{E_2(1-\nu_{13}\nu_{31})}{\varLambda}, \ C_{23}^{0} = \dfrac{E_3(\nu_{23}-\nu_{21}\nu_{31})}{\varLambda}, \ C_{33}^{0} = \dfrac{E_3(1-\nu_{12}\nu_{21})}{\varLambda} \\ C_{44}^{0} = \varLambda G_{23}, \ C_{55}^{0} = \varLambda G_{13}, \ C_{66}^{0} = \varLambda G_{12} \\ \varLambda = 1 - \nu_{12}\nu_{21} - \nu_{23}\nu_{32} - \nu_{31}\nu_{13} - 2\nu_{12}\nu_{23}\nu_{31} \end{cases} \tag{3.23}$$

式中: E_i, ν_{ij}, $G_{ij}(i,j=1,2,3)$ 分别代表 CFRP 的宏观弹性模量、泊松比、宏观剪

切模量。

根据 CFRP 的宏观本构-损伤模型演化规律,本书提出损伤状态变量直接由 UD-RVE 模型确定,通过 CFRP 中不同组分结构损伤失效准则计算微观组分退化弹性参数实现损伤评价,各损伤变量的评价计算表达式[140-143]如下:

$$
\begin{cases}
d_{\mathrm{L}}^{\mathrm{T(C)}} = 1 - \dfrac{E_{\mathrm{f1}}^{d,\mathrm{T(C)}} V_{\mathrm{f}} + E_{\mathrm{m}}^{d,\mathrm{T(C)}} V_{\mathrm{m}}}{E_1} \\[4mm]
d_{\mathrm{T}}^{\mathrm{T(C)}} = 1 - \dfrac{(1-C)\dfrac{E_{\mathrm{f2}}^{d,\mathrm{T(C)}} E_{\mathrm{m}}}{E_{\mathrm{f2}}^{d,\mathrm{T(C)}} V_{\mathrm{m}} + E_{\mathrm{m}}^{d,\mathrm{T(C)}} V_{\mathrm{f}}} + C\left(E_{\mathrm{f2}}^{d,\mathrm{T(C)}} V_{\mathrm{f}} + E_{\mathrm{m}}^{d,\mathrm{T(C)}} V_{\mathrm{m}}\right)}{E_2} \\[4mm]
C = 0.2(V_{\mathrm{f}} - V_{\mathrm{m}}) + 0.175
\end{cases}
\tag{3.24}
$$

$$
\begin{cases}
d_{\mathrm{L}} = 1 - (1 - d_{\mathrm{L}}^{\mathrm{T}})(1 - d_{\mathrm{L}}^{\mathrm{C}}) \\
d_{\mathrm{T}} = 1 - (1 - d_{\mathrm{T}}^{\mathrm{T}})(1 - d_{\mathrm{T}}^{\mathrm{C}})
\end{cases}
\tag{3.25}
$$

式中:V_{f} 表示纤维体积分数;V_{m} 表示基体体积分数。

3.2.3.4 单元辅助删除控制准则

在 CFRP 层合板钻削、碰撞等动态有限元模型中,材料的去除是实现准确模拟跨尺度分析过程的关键,而对于材料切削等的模拟是通过对 CFRP 层合板单元模型在刀具的外载荷作用下,单元失效的判定、损伤演化、刚度性能折减等过程。因而,根据建立的纤维与基体在微观尺度下的失效判定、损伤演化等理论模型,结合宏观损伤变量的计算,当纤维或基体的任意一种单元刚度退化至 0 时,即单元失去承载能力时,在 CFRP 宏观本构模型中表观为损伤单元删除,从而实现 CFRP 在切削工况下材料去除的模拟。

但是,由于钻削工艺的复杂程度较高,为了预防在 ABAQUS 等有限元分析软件中模型因出现严重畸变单元而导致在计算时不收敛的情况,本书在细观模型的单元失效删除的基础上,通过引入最大主应变及最小主应变准则,实现过度畸变单元的辅助删除。其原理是基于极分解定理分析获取的,任意物体的运动都可以分解为沿 3 个方向的纯拉伸和纯刚体旋转,即

$$
\begin{cases}
\tilde{\boldsymbol{F}} = \tilde{\boldsymbol{V}} \cdot \tilde{\boldsymbol{R}} \\[2mm]
\tilde{\boldsymbol{F}} = \dfrac{\partial \bar{x}}{\partial \bar{X}}
\end{cases}
\tag{3.26}
$$

式中:$\tilde{\boldsymbol{F}}$ 表示应变梯度矩阵;$\tilde{\boldsymbol{V}}$ 表征材料的纯拉伸变形矩阵;$\tilde{\boldsymbol{R}}$ 表示材料的纯刚体旋转矩阵;$\bar{X}$ 和 $\bar{x}$ 分别表示微元的初始位置和变形后的位置。

由于建立的 CFRP 层合板模型采用六面体单元模型,对 $\tilde{V}$ 矩阵求解特征根,即可获取单元的 3 个方向主拉伸比 $\lambda_1,\lambda_2,\lambda_3$,根据 Biot 应变(名义应变)的定义[144,145]分别求出 3 个主应变值,即

$$\varepsilon_i = \lambda_i - 1 \qquad (3.27)$$

式中:$\varepsilon_i(i=1,2,3)$ 表示单元的主应变;$\lambda_i(i=1,2,3)$ 表示单元的主拉伸比。

根据求出的主应变,辅助单元删除准则可表示为

$$\begin{cases} \varepsilon_i^{\max} - \varepsilon_i^{\max,s} \geqslant 0, \text{失效} \\ \varepsilon_i^{\max} - \varepsilon_i^{\max,s} < 0, \text{没有失效} \\ \varepsilon_i^{\min} - \varepsilon_i^{\min,s} \geqslant 0, \text{失效} \\ \varepsilon_i^{\min} - \varepsilon_i^{\min,s} < 0, \text{没有失效} \end{cases} \qquad (3.28)$$

式中:$\varepsilon_i^{\max}$ 和 $\varepsilon_i^{\min}$ 分别表示单元最大主应变和最小主应变;$\varepsilon_i^{\max,s}$ 和 $\varepsilon_i^{\min,s}$ 分别表示通过经验设定的最大主应变和最小主应变临界值。

另外,$\varepsilon_i^{\max,s}$ 和 $\varepsilon_i^{\min,s}$ 的设定值需要结合真实状态下的实验进行设定,$\varepsilon_i^{\max,s}$ 不能太小,$\varepsilon_i^{\min,s}$ 不能太大,否则会将尚未失效的单元强制删除,最终无法对复合材料钻削过程进行准确模拟。由于本书的研究对象为 CFRP 层合板,因而将其值分别设定为 $\varepsilon_i^{\max,s}=1.0$,$\varepsilon_i^{\min,s}=0.8$。

3.2.4 CFRP 动态跨尺度数值模拟的 VUMAT 子程序实现

本书采用基于 MMF 理论的判断准则、损伤演化、刚度退化等分析方法,对 CFRP 预制孔的钻削过程进行数值模拟,其中,在对模型的仿真计算中,忽略了单元模型应变率的影响。基于 MMF 失效理论的动态渐进损伤演化模型,跨尺度显式有限元算法如图 3.6 所示。本书对于 UD-RVE 的建模、周期性边界条件的建立与加载、模型计算、分析结果的提取等均开发了相应的 ABAQUS/Python 程序,实现了自动参数化分析,同时,使用用户自定义子程序 VUMAT 定义了 CFRP 的动态本构-渐进损伤演化模型,并应用于 ABAQUS/Explicit 软件分析平台,最终实现对 CFRP 钻削行为的跨尺度数值模拟,如图 3.6 所示。

整个跨尺度显式有限元算法的实现主要可分为以下 3 个步骤:

步骤 1:在开始的全局时间分析步 n 时,通过前一个时间分析步 $\bar{\varepsilon}^{n-1}$ 与应变增量步 $\Delta\bar{\varepsilon}^n$ 求和计算全局总应变 $\bar{\varepsilon}^n$,通过前一个 CFRP 单元刚度矩阵 $C_{ij}^{n-1,d}$ 求解计算出每个积分点的宏观应力 $\bar{\sigma}^n$。

步骤 2:用根据宏观应力对组分结构单元设置的关键参考点乘以 $M_{f\sigma}^{n,pk}$ 和 $M_{m\sigma}^{n,pk}$,分别计算出纤维和基体的微观应力 σ_f^n 和 σ_m^n;基于建立的新型 MMF 失效准则,确定纤维和基体的失效系数,通过建立的渐进损伤模型,得到纤维和

基体的微观损伤变量;根据 UD-RVE 模型中的纤维损伤系数和基体损伤系数确定所有参考点 $d_f^{n,\mathrm{T(C)}}$ 和 $d_m^{n,\mathrm{T(C)}}$ 的最大值。

步骤 3:通过建立新的损伤演化规律模型,每个积分点上的宏观损伤变量可以根据 d_L 和 d_T 的最大值计算,实现单元刚度的退化、性能衰减等的模拟,并基于单元删除准则,实现单元的删除。由于在第 $n-1$ 个时间分析步宏观损伤变量是不可逆的,宏观损伤变量选择较大值,并在 n 个时间分析步时实现 CFRP 刚度矩阵 $\boldsymbol{C}_{ij}^{n,d}$ 的更新,如果达到设定的时间分析步,将进入下一个时间分析步,如果时间分析步终止,那么程序终止。

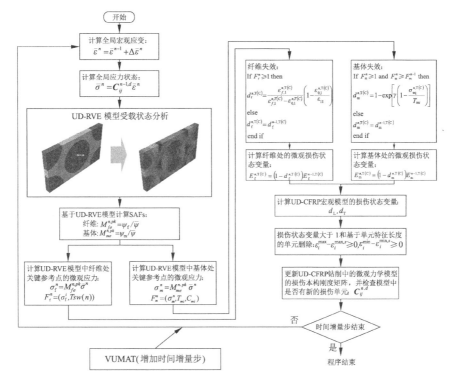

图 3.6　CFRP 跨尺度模型计算的 VUMAT 子程序框架图

3.3　基于混合失效法则的 CFRP 层间损伤模型

为准确地模拟出产生的分层现象,在钻削、碰撞等工况下的 CFRP 跨尺度模型中,采用 ABAQUS 软件内嵌的特殊单元-内聚力单元(cohesive elements,CEs)来模拟层间分层失效。对于 CFRP 中 CEs 区域单元的建模,由于其层间黏结材料的厚度值很小,故通常在几何建模中建立 0 mm 厚度的单元模型。对 CEs 的建模是根据 CFRP 层合板部件建立孤立网格后,通过偏移网格的方式建立网络模型。CEs 用于表征 CFRP 厚度方向的层间界面,同时钻孔过程中出现的分层现象也恰好发生在此区域。

3.3.1　CEs 本构模型

CFRP 的界面用三维八节点 CEs 单元(COH3D8)进行表征,该单元是由法向和剪切分量非耦合行为的牵引力-拉伸位移关系的双线性本构模型,在 ABAQUS 对弹性响应分析中,可以直接通过名义应力与名义应变表示。非耦合行为的张力分量仅仅取决于其共轭名义应变。对于局部单元方向,非耦合形式的应力-应变本构关系[146]可以定义为

$$\begin{Bmatrix} T_n \\ T_s \\ T_t \end{Bmatrix} = \begin{bmatrix} K_{nn} & & \\ & K_{ss} & \\ & & K_{tt} \end{bmatrix} \begin{Bmatrix} \delta_n \\ \delta_s \\ \delta_t \end{Bmatrix} \tag{3.29}$$

式中:T_n,T_s 和 T_t 分别表示法线方向和两个局部剪切方向上的名义应力,其值为界面处牵引力张量在积分点处的面积平均值;δ_n,δ_s 和 δ_t 代表相应的名义应变,其值为界面处分离位移除以 CEs 的初始厚度。K_{nn},K_{ss} 和 K_{tt} 分别表示 CEs 的刚度,可通过 CEs 的模量和厚度获取,即

$$K_{nn} = K_{ss} = K_{tt} = \frac{E_c}{h_c} \tag{3.30}$$

式中:E_c 表示 CEs 的模量;h_c 表示 CEs 的厚度。

3.3.2　CEs 损伤失效与演化模型

采用 CEs 模型对 CFRP 的界面问题进行模拟时,忽略内部初始损伤缺陷,通过强度准则对层间裂纹的损伤萌生进行判断,基于能量释放率破坏准则实现裂纹扩展的模拟。其中,裂纹萌生和扩展由表面牵引力-分离位移之间的本构关系模型控制,CEs 本构-损伤失效模型如图 3.7 所示。

CAMANHO 等[146]提出的 CEs 单一损伤模式下的双线性牵引力-分离位移模型如图 3.7(a)所示,其失效损伤演化规律表达式为

$$\begin{cases} T_i = K_{ii}\delta_i, & \delta_i^{max} \leq \delta_i^0 \\ T_i = (1 - D_i^s)K_{ii}\delta_i, & \delta_i^0 \leq \delta_i^{max} < \delta_i^f \\ T_i = 0, & \delta_i^{max} \geq \delta_i^f \end{cases} \tag{3.31}$$

式中:$T_i(i=n,s,t)$ 表示各方向上的名义应力,n,s 和 t 分别表示法线方向和局部剪切方向;δ_i 表示对应方向的名义应变,其值为界面处分离位移除以 CEs 的初始厚度;K_{ii} 表示 CEs 本构模型的刚度;D_i^s 表示层间损伤变量;δ_i^0 表示加

载过程中初始失效时的等效位移;$\delta_i^{\max}$ 表示加载过程中等效位移的最大值,并且在整个历程分析中是不可逆转的;δ_i^{f} 表示损伤萌生的等效应力。

变量 $\delta_i^0, D_i^s, \delta_i^{\mathrm{f}}, \delta_i^{\max}$ 可分别表示为

$$\delta_i^0 = \frac{T_i^0}{K_{ii}} \tag{3.32}$$

$$D_i^s = \frac{\delta_i^{\mathrm{f}}(\delta_i^{\max} - \delta_i^0)}{\delta_i^{\max}(\delta_i^{\mathrm{f}} - \delta_i^0)} \tag{3.33}$$

$$\delta_i^{\mathrm{f}} = \frac{2G_{T_i}}{T_i^{\mathrm{f}}} \tag{3.34}$$

$$\delta_i^{\max} = \begin{cases} \delta_t^{\max} = \max(\delta_t^{\max}, |\delta_t|), & \text{T 型裂纹} \\ \delta_s^{\max} = \max(\delta_s^{\max}, |\delta_s|), & \text{S 型裂纹} \\ \delta_n^{\max} = \max(\delta_n^{\max}, \delta_n), \delta_n^{\max} \geq 0, & \text{N 型裂纹} \end{cases} \tag{3.35}$$

式中:$T_i^0(i=n,s,t)$ 表示各方向上的最大名义应力;$G_{T_i}(i=n,s,t)$ 表示层间断裂韧性,即断裂能;N 型裂纹表示上下表面受到方向相反的法向力作用,从而使上下表面张开,产生法向位移,S 型裂纹代表上下表面受到方向相反的切向力作用,使得上下表面滑开,产生切向位移,T 型裂纹代表上下表面在 Z 方向上位移产生扭剪,如图 3.7(c) 所示。

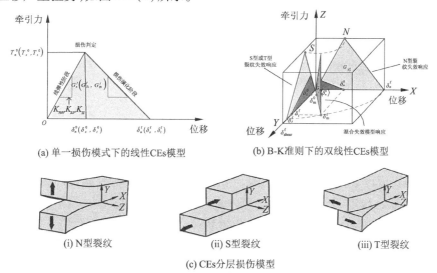

(a) 单一损伤模式下的线性 CEs 模型　　(b) B-K 准则下的双线性 CEs 模型

(i) N型裂纹　　　　(ii) S型裂纹　　　　(iii) T型裂纹

(c) CEs 分层损伤模型

图 3.7　CEs 本构-损伤失效模型

本书在单一模式失效损伤演化规律的前提下,采用混合模式下的失效演化规律模型定义 CEs 的损伤判断、损伤演化等,其牵引力-分离位移失效损伤

演化规律如图 3.7(b)所示。混合损伤失效演化规律表达式为

$$
\begin{cases}
T_i = K_{ii}\delta_i, & \delta_i^{\max} \leqslant \delta_i^0 \\
T_i = (1-D^s)K_{ii}\delta_i, & \delta_i^0 \leqslant \delta_i^{\max} < \delta_i^f \\
T_i = 0, & \delta_i^{\max} \geqslant \delta_i^f
\end{cases}
\tag{3.36}
$$

在混合模式下的损伤状态变量 D^s 可表示为

$$
D^s = \frac{\delta_m^f(\delta_m^{\max}-\delta_m^0)}{\delta_m^{\max}(\delta_m^f-\delta_m^0)}
\tag{3.37}
$$

式中：$\delta_m^{\max}$ 表示在加载过程中等效位移的最大值；δ_m^0 表示混合模式下其加载过程中的等效位移；δ_m^f 表示混合模式下损伤萌生的等效应力。

$\delta_m^{\max}$，δ_m^0 和 δ_m^f 的表达式分别为

$$
\begin{cases}
\delta_m^{\max} = \max(\delta_m^{\max}, \delta_m) \\
\delta_m = \sqrt{\delta_n^2 + \delta_s^2 + \delta_t^2}
\end{cases}
\tag{3.38}
$$

$$
\delta_m^0 =
\begin{cases}
\delta_t^0 \delta_n^0 \sqrt{\dfrac{1+\beta^2}{(\delta_t^0)^2+(\beta\delta_t^0)^2}}, & \delta_t > 0 \\
\sqrt{(\delta_n^0)^2+(\delta_s^2)^2}, & \delta_t \leqslant 0
\end{cases}
\tag{3.39}
$$

$$
\delta_m^f =
\begin{cases}
\dfrac{2}{K_{ii}\delta_m^0}\left[G_{T_n} + (G_{T_s}-G_{T_n})\left(\dfrac{\beta^2}{1+\beta^2}\right)^\eta \right], & \delta_t > 0 \\
\sqrt{(\delta_n^0)^2+(\delta_s^0)^2}, & \delta_t \leqslant 0
\end{cases}
\tag{3.40}
$$

式中：η 表示混合模式下的 B-K 准则参数[139]，由于本书将 CFRP 作为研究对象，其取值为 1.45[146]；β 表示混合比，其表达式为

$$
\beta = \sqrt{\frac{\delta_n^2+\delta_s^2}{\delta_t^2}}, \delta_t > 0
\tag{3.41}
$$

另外，为了消除 CEs 网格敏感性问题，根据 TURON 等[147] 的建议，将 CEs 的长度设置为 2~3 单元边长，这有利于调节分层断裂韧性。在有限元模型计算过程中，需要对模型中每一载荷分析步中新的单元模型的损伤变量进行更新，从而更新刚度矩阵，并重新计算应力。然而，对于不同的失效模式，式(3.37)中的等效位移或等效应力仅需要在材料损伤初始时刻计算一次，然后将计算后获取的值存储在 ABAQUS 软件的 VUMAT 用户子程序中，以便后续计算时调用，这样可以大大减少计算量，提高有限元计算的效率。

当 CEs 刚度退化时，单元产生损伤直至被删除，损伤变量将等份应用到

各刚度分量中,经历损伤演化过程,最终实现单元删除。根据分析结果,CEs 的实际应力与最大应力的关系表示为

$$\sigma = (1 - D^s) \overline{\sigma} \tag{3.42}$$

在 ABAQUS/Explicit 软件界面设置中,如果某个 CEs 的截面积分点的损伤变量 D^s 达到 D^s_{max},那么该单元将被删除,且软件中无量纲的刚度退化系数 SDEG 和模型中的损伤变量 D^s 具有相同的含义,即当 SDEG = 1 时,判断单元失效并被删除。

根据以上描述,针对关于混合失效法则的 CFRP 层间失效分析模型,同样运用 Fortran 语言编写关于 CEs 的 VUMAT 用户子程序,以便在模拟 CFRP 层间失效产生时调用。但是受限于 ABAQUS 软件接口,在 VUMAT 程序调用上单个求解任务仅能调用一个子程序,故编写的子程序需要与跨尺度 CFRP 本构损伤模型子程序统一集中处理。其中,多个 VUMAT 子程序的调用方法如图 3.8 所示。

图 3.8　多个 VUMAT 子程序的调用方法

根据 ABAQUS 软件对 VUMAT 程序开放接口情况的分析,在分别调用 CFRP 跨尺度损伤本构模型和 CEs 损伤本构模型时,仅需在材料属性界面上输入有关 CFRP 及 CEs 单元材料属性的各个参数,在软件界面上输入的材料

名称与程序设置的关键名称一致即可实现调用。例如,本书中要实现 T700S 材料跨尺度本构损伤模型和 CEs 单元本构损伤模型的调用,仅需将材料名称设置为"T700S"和"COHE"关键字即可,如图 3.8 所示。

3.4　本章小结

本章针对 CFRP 层合板受到动态载荷时可能出现的材料层间分层、纤维拉拔等多种损伤,建立了一种基于微观失效理论的 CFRP 新型动态渐进损伤失效演化模型,为实现 CFRP 钻削、碰撞等动态工况下的跨尺度模拟分析奠定了基础。首先,根据对 UD-RVE 模型的模拟分析,提出了 UD-CFRP 微观应力计算的方法和 SAFs 的获取方法;然后,考虑纤维和基体在微观状态下具有不同的力学行为,提出了一种基于 MMF 失效理论的三维跨尺度新型动态渐进损伤演化规律模型,随后基于此提出了 CFRP 新型损伤演化规律及宏观网格单元辅助删除准则,编制了 ABAQUS-Python 脚本程序,进而建立起 CFRP 钻削模型中的宏观应力与 UD-RVE 模型中的微观应力关系,并采用 Fortran 语言编写了基于用户自定义材料本构-损伤子程序 VUMAT;最后,为了模拟出 CFRP 在受到动态载荷时出现的层间分层现象,建立了基于混合失效法则的 CFRP 层间失效模型,并采用 Fortran 语言编写了关于 CEs 的用户子程序 VU-MAT。基于以上建模分析,得到的主要结论如下:

（1）在 CFRP 的动态渐进损伤本构模型中,层合板结构的宏观应力与各组分结构微观应力通过 SAFs 进行桥联,建立的结构化 RVE 模型可实现 SAFs 的获取。

（2）在细观尺度下的 CFRP 渐进损伤本构模型中,采用 Tsai-Wu 失效准则对纤维损伤进行判定,采用连续退化的方式实现纤维损伤演化;采用改进的冯·米塞斯屈服失效准则对基体在微观尺度下处于拉压载荷工况时产生的损伤进行预测,运用 Stassi 等效应力对其损伤演化进行定义。

（3）采用新型网格单元辅助删除准则可实现畸形网格的删除,能够有效预防 ABAQUS 等有限元软件针对复杂程度较高的钻削过程模拟时,因存在严重畸变单元而出现计算时模型不收敛的情况。

（4）采用 CEs 区域单元模拟层间失效现象,采用混合失效法则下的 CES 损伤本构模型,能够更真实地模拟出 CFRP 层间分层现象。

第三章图

第4章

基于跨尺度建模的 CFRP 钻削数值模拟与模型评价

4.1 引言

　　为使 CFRP 动态渐进损伤本构模型在动态跨尺度数值分析中得以正确运用,本章基于此损伤本构模型对 CFRP 结构在钻削工况下产生的力学响应及其损伤现象展开研究。首先,结合在第 3 章的研究中建立起的基于微观力学失效理论的动态渐进损伤演化模型,根据 CFRP 材料参数与钻头结构参数,在 ABAQUS/Explicit 软件平台上建立匕首钻钻削 CFRP 层合板三维跨尺度有限元模型。然后,对 CFRP 在采用不同工艺参数时预制孔的钻削过程进行分析,获取钻削过程中的应力分布情况,分析钻削过程中轴向力的变化趋势及钻削损伤产生机理等仿真结果,对比不同工况下实验测试分析中出现的以毛刺、分层为主的损伤现象,并根据精密制孔质量评价指标对跨尺度钻削有限元模型进行评价,为实现高精密制孔的工艺优化提供可靠的方法。最后,针对目前在钻削工况下 CFRP 采用传统的宏观本构-损伤模型(Hashin、Chang-Chang、Tais-Wu 等失效理论)进行模拟的实际,分别编写出对应的 VUMAT 用户子程序,并在同一刀具、同等网格尺寸与网格精度下的 CFRP 模型、相同高性能工作站上模拟其钻削预制孔的过程,分别在轴向力、材料的损伤现象(毛刺、分层等)等方面与跨尺度钻削仿真模型展开对比分析,结合模型仿真在计算时间、仿真结果方面与实验测试结果的对比分析,对有限元模型的计算效率与模拟精度进行评价,以验证跨尺度模型的优劣。

4.2　CFRP 跨尺度钻削数值模拟分析

本章采用的跨尺度钻削数值模拟方法是基于微观力学失效理论的 CFRP 动态渐进损伤本构模型建立的,该方法的核心是通过宏-微观力学交互分析理论建立 CFRP 中组分结构之间的宏-细观结构联系,模拟 CFRP 在受到外载荷作用时各组分结构的损伤和失效现象。如图 4.1 所示,针对采用匕首钻钻削预制孔的 CFRP 跨尺度数值模拟的流程主要包含以下 3 个步骤:

(1) 忽略 CFRP 层合板在工艺制备中产生的气泡、纤维丝断裂等初始损伤,将 CFRP 结构理想化为由单向层合板预设的铺层序列叠加而成,分析 CFRP 宏观结构的设计、材料属性、铺层方式及整体结构受载形式对结构内部的应力和应变分布的影响。

(2) 根据 UD-CFRP 的力学分析,对 UD-CFRP 中纤维分布进行合理简化,基于纤维体积分数建立用于表征 CFRP 结构弹性性能的 UD-RVE 模型,并采用跨尺度分析方法,将宏观结构单元或积分点的受载情况传递到微观模型中,在该载荷下模拟纤维和基体组分材料各单元积分点的应力分布。另外,采用微观力学理论分别对基体、纤维进行失效判断,假设各对应单元发生损伤,先对损伤单元进行刚度折减、失效删除,再对整个 RVE 模型进行基于渐进均质化、均匀化处理,最终得到损伤后的材料宏观力学性能。

(3) 将损伤后的材料宏观性能回调至宏观结构中的对应单元,对整体结构再进行下一迭代步的宏观分析,如此反复迭代直至设定时间分析步完成,最终实现 CFRP 由组分到结构件在刀具切削作用下的跨尺度数值模拟分析。

由于本书在第 2 章中已经对结构化 UD-RVE 模型进行了全面分析,因而本章研究仅需根据图 2.1 中建立的 Python 程序对部件模块、网格模型模块、后处理模型的代码部分进行修改,就可以实现对简化 UD-RVE 模型的分析,以提取关键参考点的应力变量,用于程序的调用。同时,建立 CFRP 在钻削工况下的三维动态渐进损伤-失效跨尺度模型,并基于对应工况实验测试实现对模型的验证分析。

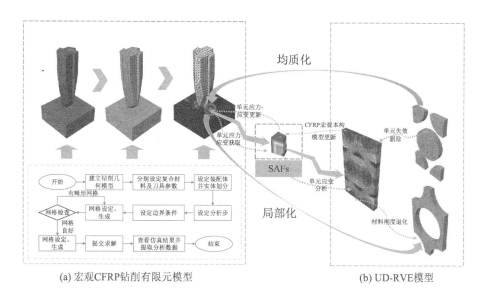

(a) 宏观CFRP钻削有限元模型　　　　　　　　(b) UD-RVE模型

图 4.1　CFRP 跨尺度钻削数值模拟分析

4.2.1　简化 UD-RVE 模型的跨尺度建模分析

采用简化建模的方式对 UD-RVE 进行分析时,假设 CFRP 中纤维和基体完美结合,忽略工艺成形中产生的孔隙和初始裂纹。基于 CFRP 纤维体积分数、单丝纤维直径等基础参数,使得纤维在 UD-RVE 模型中采用交错排列的布置形式,根据式(2.1)计算 UD-RVE 模型的各边界尺寸,并基于优化后的最优网格尺度进行分析。

在对结构化 UD-RVE 模型的简化分析中,确定采用长方形 UD-RVE 模型更接近于纤维随机分布情况[132],其 UD-RVE 模型中的纤维数量仅需包含关键失效参考点即可。其中,确定简化 UD-RVE 模型边界尺寸的主要公式如下:

$$\begin{cases} a_1 = d_f\sqrt{n\pi/4V_f} \\ a_2 = a_1\tan 30° \\ a_3 = a_1/m \end{cases} \tag{4.1}$$

式中:$a_i(i=1,2,3)$ 分别表示简化 UD-RVE 模型边界的长度、宽度和厚度,单位为 μm;n 表示最简化 UD-RVE 模型中包含纤维的数量,单位为根,本书中 $n=2$;d_f 表示单丝纤维的直径,单位为 μm,$d_f \approx 7$;V_f 表示 UD-RVE 模型中纤维体积分数,单位为%;m 表示一个实常数,本书中 $m=4$。

根据以上基本尺寸,采用三维实体单元对单个简化后的 UD-RVE 模型单元进行建模,为提升整个跨尺度有限元模型的分析效率,并方便在 VUMAT 程序中实现关键参数的调用,根据图 2.1 中建立的 Python 脚本程序对部件模块、材料模块、网格划分模块、后处理模型的代码部分进行修改,以实现关键参考点应力参数的提取,同时采用与 2.2 节一致的整体分析方法。修改后 Python 脚本程序的流程图如图 4.2 所示,给纤维和基体分别赋予的各项力学性能参数如表 4.1 所示(参数由光威公司测试后提供)。

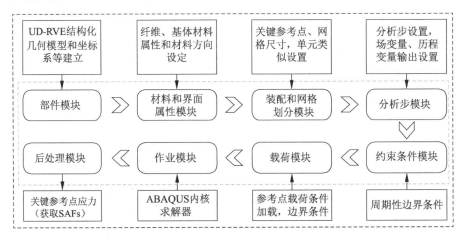

图 4.2　简化 UD-RVE 跨尺度建模分析流程

表 4.1　纤维和基体的力学性能参数

纤维丝				基体	
参数	取值	参数	取值	参数	取值
E_{f1}/GPa	230	X_f^T/MPa	40.0	E_m/GPa	2.9
$E_{f2},E_{f3}/GPa$	15	Y_f^C/MPa	70.0	ν_m	0.34
ν_{f12}/ν_{f13}	0.21	Z_f^T/MPa	40.0	G_m/GPa	1.31
ν_{f23}	0.307	Z_f^C/MPa	70.0	T_{mi}/MPa	80.0
$G_{f12},G_{f13}/GPa$	9	S_f^{XY}/MPa	100.0	C_{mi}/MPa	120.0
G_{f23}/GPa	5.03	S_f^{YZ}/MPa	58.0	γ	1.5
X_f^T/MPa	4.9	$\Gamma_f^T,\Gamma_f^C/(N \cdot mm^{-1})$	100.0		
X_f^C/MPa	4.5				

在完成以上全部的建模分析后,分别得到简化后的 UD-RVE 模型在各种工况下的微观应力分布,如图 4.3 所示。

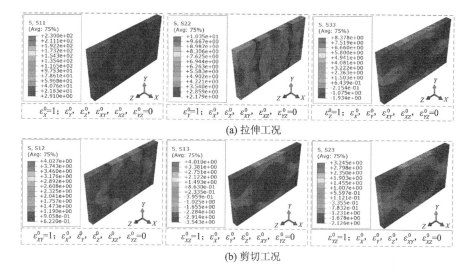

(a) 拉伸工况

(b) 剪切工况

图 4.3　简化 UD-RVE 模型在各种工况下的微观应力分布

本书中采用 10 个空心圆表示微观纤维关键参考点,用 15 个实心圆表示微观基体的参考点计算获取的 SAFs。其中,参考点 F_{10} 和参考点 $M_{10} \sim M_{15}$ 分别位于纤维内部中心位置和基体内部中心位置,参考点 $F_1 \sim F_9$ 和 $M_1 \sim M_9$ 考虑纤维和基体结合处的关键参考点位置如图 3.2(d) 所示。

由于施加的边界条件是外载荷为 1 MPa 的应力载荷,因而获取各关键参考点的微观应力分布即为 SAFs,不同工况下纤维和基体上各关键参考点的应力放大系数分别如图 4.4 和图 4.5 所示(由于设置的关键点数量较多,图中只绘制了纤维和基体各参考点在对应应力方向上的 SAFs,其他方向上的 SAFs 未逐一列出,但是在钻削仿真模拟分析过程中这些应力将全部计入)。由于纤维和基体的初始材料属性不会发生变化,因而简化后的 UD-RVE 模型只需进行一次求解并提取各关键参考点的应力分析结果,以备跨尺度模型调用。

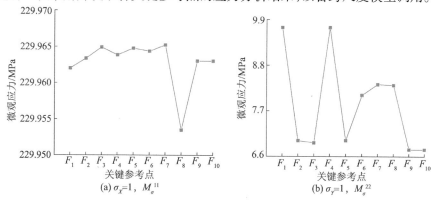

(a) $\sigma_x = 1$, M_σ^{11}

(b) $\sigma_y = 1$, M_σ^{22}

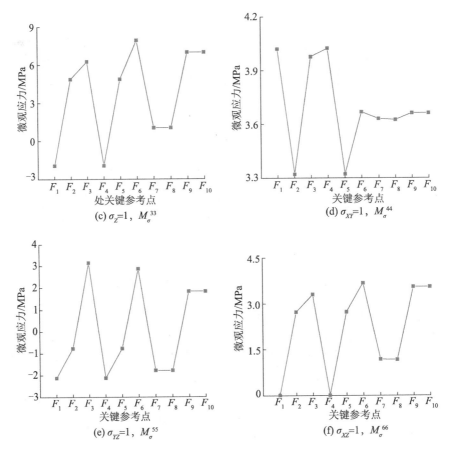

图 4.4　不同工况下纤维上关键参考点的应力放大系数

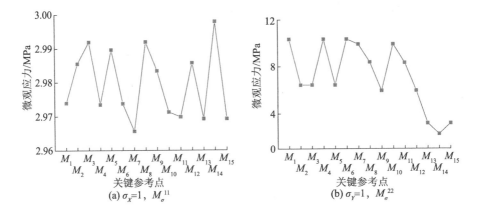

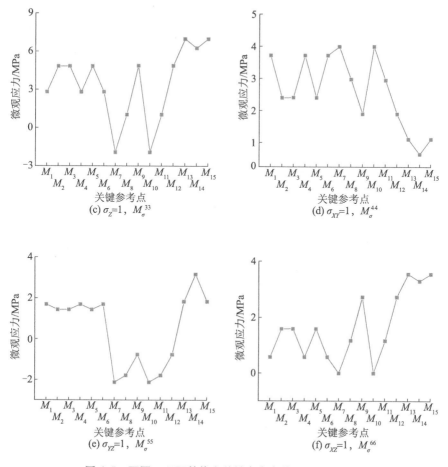

图 4.5　不同工况下基体上关键参考点的应力放大系数

在获取 SAFs 后将其以一个独立的文件存储在 Fortran 代码中,在宏观 CFRP 钻削有限元模型中,基于 ABAQUS 软件的 VUMAT 代码使用"#include"函数调用该文件,实现 CFRP 材料的动态渐进失效跨尺度分析。

4.2.2　基于动态渐进损伤模型的 CFRP 跨尺度钻削模拟分析

匕首钻[148-150]作为一种钻、铰复合一体化刀具,其结构较为复杂,主要以周向侧刃作为主切削刃直接参与钻孔,直刃形式的设计有助于其排屑,钻尖形貌和刀具角度的优化使其在钻削中能够更轻快、顺利地切除材料,因而在跨尺度数值模拟中能够实现对钻削工况下多类型混合损伤的模拟。

本书在 ABAQUS/Explicit 软件平台建立匕首钻钻削 CFRP 三维跨尺度数值仿真模型。匕首钻模型是根据钻头实体结构的几何参数并采用 SolidWorks 软件进行建模导入 ABAQUS 中使用的。本书根据 3.2 节建立的动态跨尺度渐进损伤本构模型,采用 VUMAT 子程序定义 CFRP 三维模型结构的层内损伤,并通过单元刚度退化及删除等方式实现材料在切削作用下的去除模拟。另外,根据 3.4 节中建立的层间失效模型,在 CFRP 层间设置了基于混合失效法则的 CEs 失效分析模型,以模拟钻削过程中产生的分层现象。根据以上描述,本书建立的钻削 CFRP 有限元模型及其边界条件的设置和匕首钻的结构参数模型如图 4.6 所示。

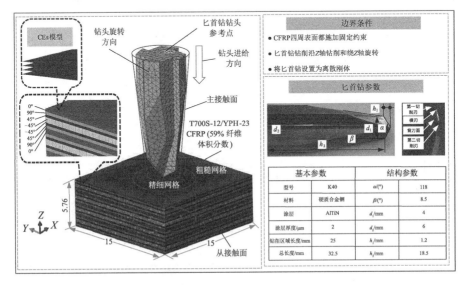

图 4.6　匕首钻钻削 CFRP 跨尺度有限元模型

本书依旧采用 T700S-12K/YPH-23 的耐高温环氧树脂 CFRP 作为跨尺度钻削有限元模型的研究对象,纤维的体积分数约为 59%,采用 $[(0°/90°/45°/-45°)_s]_4$ 铺层顺序,CFRP 层合板结构总体尺寸为 15 mm×15 mm×5.76 mm,总计 32 层,在预设的全局坐标下,为单层 CFRP 赋予沿纤维方向上的正交各向异性材料,即 UD-CFRP。在 CFRP 中,单向铺层结构参数如表 4.2 所示(弹性参数在第 2 章中通过跨尺度力学性能表征模型获取,强度参数由光威公司实测后提供),CEs 的属性参数如表 4.3 所示[151]。

表 4.2　多向铺层结构下 UD-CFRP 的材料参数

弹性参数	值/GPa	强度参数	值/MPa
E_1	134.6	X^T/X^C	1870/1026
$E_2=E_3$	6.878	Y^T/Y^C	45/156
$\nu_{12}=\nu_{13}$	0.25	Z^T/Z^C	40/145

续表

弹性参数	值/GPa	强度参数	值/MPa
ν_{23}	0.31	S_{XY}	87
$G_{12}=G_{13}$	2.941	S_{XZ}	87
G_{23}	2.441	S_{YZ}	58

表 4.3　CEs 材料属性

刚度参数	值/($N \cdot mm^{-3}$)	刚度参数	值/MPa	断裂能参数	值/($N \cdot mm^{-1}$)
K_n	4×10^6	δ_n	60	G_n	0.2
$K_s = K_t$	1×10^6	$\delta_s = \delta_t$	90	$G_s = G_t$	1

　　将直径为 6 mm 的硬质合金匕首钻(AlTiN 涂层)设为离散刚体模型,为完整且准确地预测钻削过程中的轴向力和扭矩等参数,将匕首钻的总质量和转动惯量约束在顶部参考点的位置,并基于该参考点设定钻头的进给量和转速等边界条件。同时,为提升计算效率、节约计算机资源,对可能涉及的 CFRP 层合板钻削接触区域(直径为 8 mm 圆形区域)进行网格细化处理,而在接近层合板边缘的区域和匕首钻处采用较粗糙的网格。CFRP 采用 C3D8R 单元(8 节点、三维减缩积分单元),分层区域使用单元类型为 COH3D8 的 CEs(5 μm 厚度),匕首钻采用 C3D10M 离散刚体单元。为了模拟出钻削过程中产生的毛刺现象,需将 CFRP 单元的模型网格尺寸与纤维束的尺寸保持相近,单元网格灵敏性模型的优化分析结果显示,整个宏观钻削有限元模型中共包含 4203438 个单元,其中 CFRP 模型包含 3382122 个六面体单元,分层区域包含 819108 个 5 μm 厚度的 CEs,匕首钻包含 8208 个四面弹单元,CFRP 单元的最小尺寸约为 45 μm×45 μm×40 μm。

　　根据钻头沿轴线方向进给 CFRP 的实际加工工况,对整个钻削有限元模型中施加转速和进给量等边界条件,由于将匕首钻模型的运动状态约束在顶部参考点处,因此需对参考点在 X 和 Y 方向上的位移进行限制,在 Z 方向上施加进给量。同理,对 X 和 Y 方向上的转速进行限制,在 Z 方向施加顺时针方向的转动速度,并对 CFRP 层合板的 4 个垂直表面进行固定。整个有限元模型采用全因子三水平加工参数,模型中加载的匕首钻切削转速 S_r 设为 2000,3000,4000 r/min,进给量 S_f 设为 0.01,0.02,0.03 mm/r。

　　为分析不同参数匕首钻对 CFRP 模型中不同铺层角度的损伤,在有限元模型中采用基于"罚"函数的库仑摩擦模型模拟钻头与 CFPR 的接触行为,在接触的法向设置摩擦系数为 0.3。对匕首钻和 CFRP 模型设置基于显式动力学的面-面接触(匕首钻表面节点与 CFRP 单元节点接触),将匕首钻表面设置为主面。为缩短计算时间,仅将 CFRP 直径 10 mm 的中心圆区域及内部设置为从面(基于单元节点形成的面)。

在完成以上模型及边界条件设置后,创建多个计算任务模型并输出对应的计算输入文件,检查设置是否错误。为缩短模型求解时间,在分析步中设置合理的质量放大系数[152],以保证计算效率与精度的平衡。其中,完整计算模型中单个求解任务在南京航空航天大学的高性能计算工作站上总计耗时193 个小时,工作站主要包含 2 个英特尔至强铂金 8160 处理器,P2000 英伟达显卡,128 GB 内存及 4TB 硬盘等。

4.3　钻削实验平台与损伤观测系统搭建

在本书的钻削实验测试中,采用与跨尺度有限元模型具有相同铺层($[(0°/90°/45°/-45°)_s]_4$)和相同厚度(约为 5.76 mm,32 层)的 CFRP 层合板进行钻孔验证分析,CFRP 是采用光威复合材料公司提供的单向预浸料(型号为 T700S-12K/YPH-23,厚度为 0.2 mm)根据文献[111]固化而成的,固化后纤维与基体的体积含量比约为 6:4,整个固化过程在南京航空航天大学复合材料成形实验室完成。固化后的 CFRP 采用水射流切割方法切割成可用专用夹具装夹 U 的钻削试验件尺寸,切割完成后试验件的尺寸为 180 mm(长)×240 mm(宽)×5.76 mm(高)。

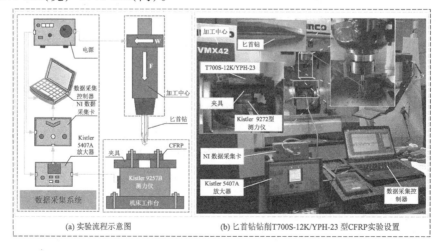

(a) 实验流程示意图　　　(b) 匕首钻钻削T700S-12K/YPH-23 型CFRP实验设置

图 4.7　匕首钻钻削 T700S-12K/YPH-23 CFRP 实验

本书搭建的实验平台主要包含 CFRP 钻削、数据采集、实验观测 3 个系统,实验方案示意及测试装置连接如图 4.7 所示。整个钻削实验在 VMX42 立式加工中心中展开,CFRP 钻削实验件利用自主设计的专用夹具安装在 Kistler 9272 型压式三向测力计上,测力计安装在机床工作台上,将自主研发的直径为 6 mm 的硬质合金钢匕首钻钻头(刀具的结构参数如图 4.6 所示)装入 BT40 刀柄中,并连接至机床的主轴。钻削时产生的轴向力电信号通过 Kistler 5407A 型电荷放大器放大、采集并传输至 NI DAQ 采集软件中,整个采集系统由计算机控制,CFRP 钻削工艺参数的变化由机床主控面板控制。

在钻削实验过程中,钻头向 CFRP 工件钻入,采用的主轴转速 S_r 为 2000, 3000,4000 r/min,进给量 S_f 为 0.01,0.02,0.03 mm/r,加工参数与有限元模型设置的工艺参数一致,钻削多个孔,在相同加工参数下重复实验 3 次,整个钻削过程都在室温且没有冷却剂(风冷)的情况下进行。在钻削加工开始时,数据采集系统、数控加工系统需通过多人协作同步触发。另外,为消除钻削过程中刀具磨损产生的影响,在实验前更换了一把新的匕首钻。

为了能够更清晰地观测钻削后 CFRP 的孔壁表面形貌,在实验结束后,采用 HIROX 公司生产的超景深扫描电子显微镜(RH2000)观察孔壁、孔周等处的损伤。孔壁的观测过程主要有以下几个流程:首先,采用水射流切割方式将 CFRP 试验件沿孔的中心位置切割成两部分,并基于超景深扫描电子显微镜对 CFRP 的孔壁进行观测,观测前需将待观测的样件浸泡在酒精或丙酮溶液中,使用超声清洗机清洗半个小时左右,以清除待观测试样上的切屑、油污等杂质。然后,将试样放入烘箱中烘干。另外,为了避免出现二次损伤,不能用硬物刮擦观测试样的孔壁表面,更不允许棉签等细纤维部件与孔壁表面接触,以影响孔壁表面形貌的观测。最后,由于 CFRP 的导电性能较差,在观测前需要对试样进行喷金处理。

4.4 仿真结果的验证与分析

为了更全面地评价 CFRP 跨尺度钻削有限元模型仿真结果(模型采用的参数如表 4.1、表 4.2 和表 4.3 所示),首先,本书选用典型加工参数下完整的钻削有限元模拟和实验测试结果,从轴向力及扭矩、孔壁表面损伤、表面粗糙度、出入口损伤缺陷等角度进行细化对比验证。然后,针对所有参数下的有限元仿真结果进行总体分析,分析制孔质量的主要评价指标与指标变化趋势及促使这些指标发生变化的主要原因。最后,通过高质量制孔评价指标,确定最优加工参数,进而为实现 CFRP 高精密制孔提供技术支持。

4.4.1　轴向力与扭矩对比分析

　　根据 4.3 节所述内容,分别获取匕首钻对型号为 T700S-12K/YPH-23 的 CFRP 层合板钻削时,在多次实验取平均值和跨尺度有限元模型中的轴向力和扭矩。跨尺度有限元模型中轴向力和扭矩均采用数值滤波法对产生的震荡数据进行过滤和拟合。图 4.8 所示为在典型加工参数(S_r = 2000 r/min,S_f = 0.03 mm/r)下钻削的轴向力及扭矩曲线图。若设匕首钻与 CFRP 的接触时间为 T,则整个钻削过程可以分为 8 个阶段,即

$$T = T_I + T_{II} + T_{III} + T_{IV} + T_V + T_{VI} + T_{VII} + T_{VIII} \qquad (4.2)$$

式中:T 代表在 CFRP 跨尺度有限元仿真模型及钻削测试中花费的钻孔时间总和;$T_i (i = I, II, \cdots, VIII)$ 代表钻削各阶段花费的时间。

　　开始阶段:匕首钻与工件没有接触前的钻头空载时间,此时产生的轴向力与扭矩都为 0。

　　T_I 阶段:钻头的第一切削刃逐渐钻入工件中,在切削刃的作用下轴向力与扭矩快速增大。

　　T_{II} 阶段:第一切削刃完全进入工件,其钻削过程转变为钻孔加扩孔阶段,由于第二切削刃的刃倾角比第一切削刃的大,扩孔切削厚度小于钻削阶段的切削厚度,故在 T_{II} 阶段钻削轴向力的增长速度小于 T_I 阶段。由于扩孔对扭矩增长的影响不明显,因而 T_{II} 阶段扭矩的增长速度几乎与原来保持一致,T_I 和 T_{II} 阶段一直持续到钻头顶角钻进 CFRP 层合板的下表面。

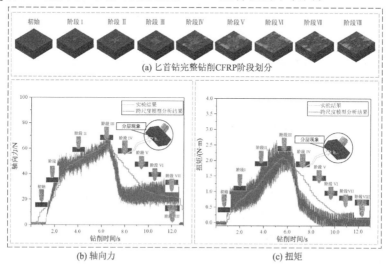

图 4.8　在典型加工参数下钻削轴向力与扭矩曲线图

T_{III}阶段:钻头顶角钻出 CFRP 层合板时,轴向力达到最大值,并持续 0.5 s 左右;钻头顶角钻出 CFRP 工件后,轴向力及扭矩骤降。

T_{IV}阶段:两个切削刃都表观为扩孔切削作用,但由于 CFRP 中的纤维表观为具有断裂韧性,引起分层现象,因而在有限元模型中轴向力及扭矩减小的速度相比于实验模型小。

T_{V}阶段:第一切削刃未完全钻出,由于钻削作用减小,轴向力和扭矩减小。

T_{VI}阶段:钻削作用消失,仅在第二切削刃的作用下实现扩孔,但因第一切削刃比第二切削刃长,进而在钻削了大约 2.5 s 后,轴向力和扭矩以缓慢的速度减小。

T_{VII}阶段:此时第二切削刃的切削作用失效,扩孔切削作用消失,仅有刃带对工件孔壁的毛刺进行切削,存在较小的轴向力与扭矩。

T_{VIII}阶段:工件的毛刺去除完成后,钻头与工件持续接触一段时间,直至整个钻孔过程结束,最终轴向力和扭矩均变为 0。

根据图 4.8(b)和图 4.8(c)所示的对比分析可以看出,钻削跨尺度有限元模型获取的轴向力和扭矩在钻削各个阶段的值及变化趋势与实验所得结果趋近一致,仅在第 T_{IV} 及 T_{V} 阶段时,模型中轴向力和扭矩的减小速度相比于实验较为迟滞,主要原因是在跨尺度有限元模型中纤维采用基于断裂韧性的退化方式,其设定的耗散能值根据经验评估得到,加上模拟层间分层现象中黏结区域 CEs 的作用,使得模型中的有些宏观单元没有删除,导致单元与钻头接触的时间过长,产生部分较小的轴向力与扭矩。

为更好地评价跨尺度模型的准确性及探索加工参数对轴向力和扭矩的影响,本书根据全部实验参数及有限元模型分析结果,引入绝对百分比误差[153],对在各加工参数下产生的最大平均轴向力及扭矩变化进行对比分析,其表达式可表示为

$$E_{\text{a}} = \left| \frac{E_{\text{exp}} - E_{\text{pred}}}{E_{\text{exp}}} \right| \times 100 \tag{4.3}$$

式中:E_{a} 表示绝对误差值;E_{exp} 表示实验获取的平均最大轴向力或扭矩;E_{pred} 表示跨尺度有限元模型计算后获取的平均最大轴向力或扭矩。

不同工艺参数下最大轴向力与扭矩对比分析结果如图 4.9 所示。从图 4.9 中可以看出,跨尺度有限元分析模型分析结果与实验结果几乎一致,随着主轴转速的增加,最大平均轴向力和扭矩均呈现减小趋势,而当主轴进给量增加时,最大平均轴向力和扭矩均呈现增大趋势。出现这一变化趋势的主要原因是轴向力和扭矩的产生与 CFRP 在钻削过程中产生的切屑相关,当主轴

转速增大时,能够快速切断纤维,使切屑对刀具形成的抵抗力减少。相反,当进给量增加时,由于未切削材料的横截面积增大,切屑变厚,因此对刀具形成的抵抗力增大。在所有的加工参数中,出现最大轴向力和扭矩的加工参数为 $S_r = 2000$ r/min,$S_f = 0.03$ mm/r,其最大平均轴向力和扭矩分别为 66.5 N 和 2.18 N·m,所有跨尺度有限元模型的理论值均略大于实验结果。

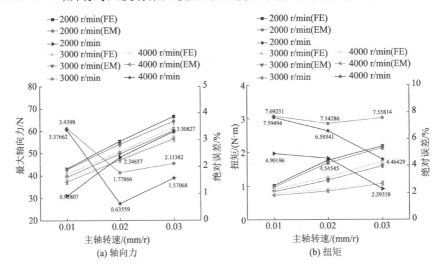

图 4.9　不同工艺参数下的最大轴向力与扭矩对比分析结果

同时,在所有分析结果中,当加工参数为 $S_r = 3000$ r/min,$S_f = 0.01$ mm/r 时,其平均轴向力产生的最大误差为 3.37%,扭矩产生的最大误差为 7.69%(跨尺度有限元模型得到的最大平均轴向力约为 40.7 N,扭矩约为 0.91 N·m,实验平均轴向力约为 38.5 N,扭矩约为 0.81 N·m)。产生这些误差的主要原因如下:① 有限元模型中采用的是理想摩擦模型,实际切削过程中会产生切削热作用,导致基体软化;② 建立的 CFRP 材料本构-损伤模型基于理想化的材料,忽略了气泡、空隙、微裂纹等现象,而材料在实际纤维制备过程中由于高温高压的作用,少许纤维之间会出现断裂,由于基体的浸润性不良好,纤维和基体结合得不紧密,因此刀具的磨损也是导致误差产生的重要原因。因此,这可以说明本书建立的跨尺度有限元模型可以较为准确地预测轴向力与扭矩。另外,为了提高有限元模型的精度,可以采用改变刀具与工件接触的摩擦系数,在单元设置内手动修改单元刚度退化系数、单元删除控制系数等,使轴向力和扭矩与实验结果进一步匹配。

4.4.2　孔壁表面形貌对比分析

为分析钻削过程中出现的各种损伤,采用超景深扫描电子显微镜对钻削后的实验孔进行观察,并对典型工艺参数的孔壁表面形貌进行对比分析。例如,当钻头工艺参数为 $S_r = 2000$ r/min,$S_f = 0.03$ mm/r 时,实验观测与有限元分析得到的 CFRP 孔壁表面形貌对比如图 4.10 所示。

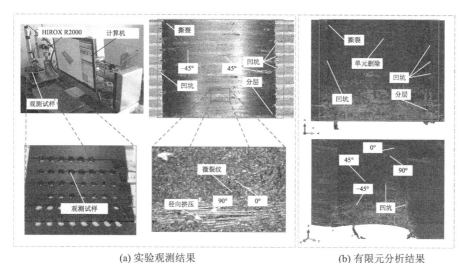

(a) 实验观测结果   (b) 有限元分析结果

图 4.10　实验观测与有限元分析得到的 CFRP 孔壁表面形貌对比

从图 4.10 中可以清晰地观测出,CFRP 孔壁主要由树脂涂覆表面和纤维断口表面组成,且靠近入口的孔壁涂覆表面比较明显。CFRP 从钻削的入口到出口处的损伤主要表现为入口处劈裂、出口处撕裂、毛边、层间分离、径向挤伤、微裂纹等。出口处的分层是评价制孔质量的关键指标,本部分主要从 CFRP 孔壁表面损伤和孔壁表面粗糙度两个角度进行分析。

为了分析纤维切削角度对 CFRP 层合板表面质量的影响,本书将纤维切削角度 θ 定义为切削方向与未切削方向的夹角,如图 4.11 所示。从图中可以看出 CFRP 在纤维切削角分别为 0°,90°,45° 和 −45° 时的形貌,由于不同纤维切削角处的材料去除机理不一致,因此加工后形成的表面形貌也不尽相同。

当纤维的切削角为 0° 时,树脂涂覆较少;当纤维的切削角为 45° 和 90° 时,损伤表观为树脂涂覆,且损伤区域面积较大;当纤维的切削角为 −45° 时,出现较明显的凹坑。出现这些损伤的主要原因如下:当纤维的切削角为 0° 时,由于纤维和基体的断裂主要是分离弯曲断裂,在加工完成表面上仅存在没有断口的纤维,纤维丝表面较光滑以至于涂覆难以形成;当纤维的切削角为 45° 和 90° 时,纤维的切削去除方式是剪切断裂,纤维断裂产生的凹坑可以容纳微量树脂,在切削热的作用下树脂发生软化作用,同时,凹坑内因钻头的不断挤压发生塑性变形,导致树脂涂覆在加工表面;当纤维的切削角为-45°时,纤维的去除方式主要以弯曲剪切断裂为主,纤维断裂位置离孔壁表面有一定的深度,故形成的表面凹坑较大,且由于凹坑内部的树脂不与刀具切削刃接触,不会产生树脂涂覆现象。

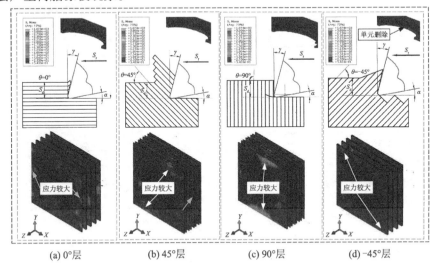

| (a) 0°层 | (b) 45°层 | (c) 90°层 | (d) -45°层 |

图 4.11 CFRP 在不同纤维角度下的切削

从图 4.10(b)和图 4.11 中跨尺度有限元模型分析结果可以看出,不同纤维切削角度的单元模型,其应力大小沿着纤维方向上的损伤明显大于其他方向,由于跨尺度有限元模型的损伤仅能通过单元删除实现材料的去除,故出现凹坑的位置表现为"单元删除",出现涂覆的地方由于没有达到最大的损伤变量,因而保留了大部分单元,但是其应力明显大于其他单元。对图 4.10(a)和图 4.10(b)中每层损伤的位置进行对比分析,可以发现跨尺度有限元模拟和实验测试出现凹坑和孔壁损伤的位置几乎一致。因而,本书建立的跨尺度有限元模型可以真实地模拟出 CFRP 层合板预制孔孔壁的损伤状态。

图 4.12(a)所示是通过实验获取的在不同加工参数下对 CFRP 层合板钻削预制孔形成的孔壁形貌,从图中可以看出,在各加工参数下 CFRP 层合板出现损伤的位置及损伤方式几乎一致,都会形成大量的沟槽和微裂纹,但随着进给量 S_f 的增大,表面凹坑损伤现象越发明显,随着钻削速度 S_t 的增大,表面涂覆现象越发明显,进而使表面更显光亮,主要原因是在更高转速时切削热上升得更快,致使孔壁涂覆作用更明显。为了更精确地评价预制孔表面质量,采用超景深扫描电子显微镜对各预制孔的孔壁进行扫描,实现对孔壁表面粗糙度的测量,测量方法如图 4.12(b)所示。

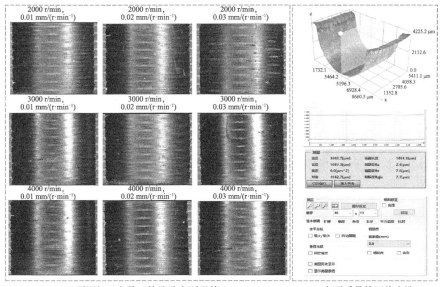

(a) 不同加工参数下的孔壁表面形貌 (b) 表面质量的评价方法

图 4.12   不同加工参数下的孔壁形貌及表面质量的评价方法

在整个预制孔孔壁的垂直方向上取样为 0.8 mm,为了减少测量误差,分别对垂直方向距离孔壁约 2 mm 的位置处重复测量 2 次,采用高斯滤波去噪实现表面粗糙度的测量,最后取其平均值。同时,为了更全面地评价孔壁的表面粗糙度,对中间的小块区域采用高倍镜采样,并测量孔壁层内法向的表面粗糙度,采取同样的方法测量 3 次,然后取其平均值。孔壁表面粗糙度的测量位置如图 4.13 所示。

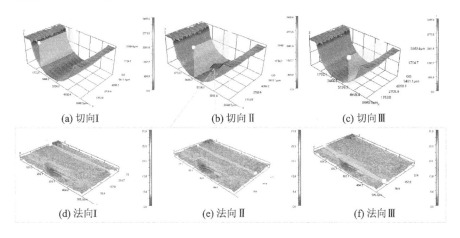

(a) 切向Ⅰ   (b) 切向Ⅱ   (c) 切向Ⅲ

(d) 法向Ⅰ   (e) 法向Ⅱ   (f) 法向Ⅲ

图 4.13   孔壁表面粗糙度的测量位置

图 4.14 表示加工参数与孔壁表面粗糙度的关系,从图中可以看出,随着钻头进给量 S_f 的减小及钻头转速 S_r 的增大,预制孔孔壁表面越来越光滑。其主要原因是纤维丝是易脆的材料,当转速增加时,匕首钻的切削刃将更易将纤维丝切断,致使纤维断裂的深度变浅,从而减小表面粗糙度。当进给速度增大时,切削厚度变大,切削力和扭矩也增大,纤维弯曲断裂形成的沟壑更深,导致孔壁表面越粗糙。在本书采用的工艺参数下利用匕首钻对 T700S-12K/YPH-23 型 CFRP 钻削制孔时,产生的最小表面粗糙度 $Ra \approx 1.86\ \mu m$,其对应的钻削工艺参数为 $S_r = 4000\ r/min$, $S_f = 0.01\ mm/r$。

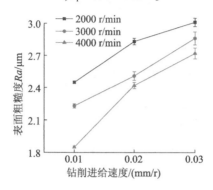

图 4.14　工艺参数对孔壁表面粗糙度的影响

4.4.3　预制孔出入口损伤对比分析

由于 CFRP 层合板结构有其特殊性,钻削加工后预制孔的出入口容易产生毛刺、撕裂、分层等孔周和层内损伤。因为匕首钻是一种集钻、铰孔于一体的 CFRP 专用钻头,仅对 CFRP 层合板钻削时,预制孔的入口处纤维断口较为平整,入口撕裂现象不明显,产生的毛刺较少。但是通过对跨尺度有限元模型模拟结果和实验观测结果进行对比分析,预制孔出口处出现较明显的毛刺、撕裂、分层损伤现象,如图 4.15 和图 4.16 所示。

在跨尺度有限元模型中,对材料去除的模拟通过宏观单元的删除实现,受单元尺度效应的限制,仅能够实现对宏观尺度上的毛刺、撕裂等损伤现象的模拟,但无法对其产生的损伤予以量化。故本书在匕首钻完成 CFRP 钻削预制孔后,对预制孔出口处出现的分层损伤现象进行分析,以分层损伤系数作为重要评价指标对预制孔的质量进行予以评价。

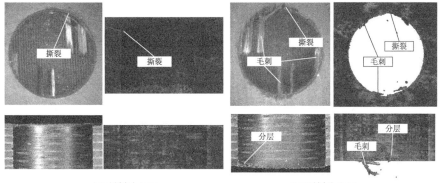

(a) 预制孔入口   (b) 预制孔出口

图 4.15　CFRP 预制孔出入口位置损伤缺陷

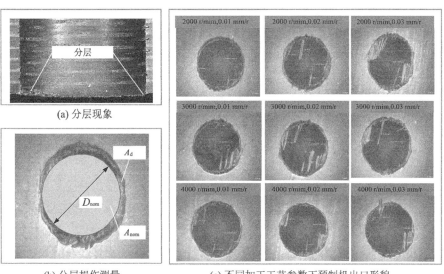

(a) 分层现象

(b) 分层损伤测量   (c) 不同加工工艺参数下预制机出口形貌

图 4.16　不同加工参数下 CFRP 预制孔出口损伤示意图(实验结果)

　　CFRP 在钻削过程中出现的分层损伤一般仅在出口侧面的几层材料之间出现,其内部的损伤情况需要采用超声扫描等观测设备进行观察,但出口处的分层会沿着匕首钻的进给方向向材料外部扩展,在损伤区域内有一定隆起的高度,采用超景深显微镜观测即可,如图 4.16(a)所示。由于出口分层与整体材料在沿刀具方向仅有细微的分离,对其高度的测量误差太大,因而采用测量分层区域的面积作为评价指标,其可通过显微镜自带软件进行测量,如图 4.16(b)所示。另外,由于同一参数下有多个钻削的孔,需对每一个孔单独测量及计算分层损伤系数,统计全部结果后取其平均值。

在跨尺度有限元模型中,出现的出口损伤表现为各单向层合板单元及 CEs 单元断裂失效产生分离现象,通过删除单元的方式表示出现损伤,如图 4.17 所示。

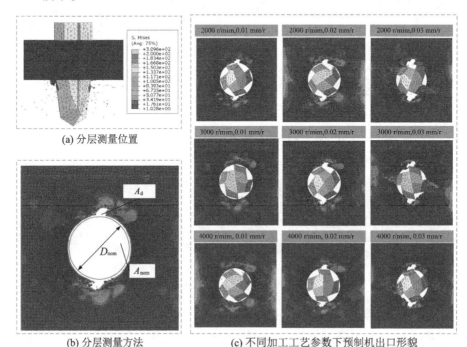

(a) 分层测量位置

(b) 分层测量方法

(c) 不同加工工艺参数下预制机出口形貌

图 4.17　不同加工参数下 CFRP 预制孔出口损伤示意图(跨尺度有限元分析结果)

以刀具直径为基准,将孔周边删除单元计算面积除以基准孔的面积就可计算出分层损伤系数。对应的测量方法:通过 ABAQUS 软件导出图片,然后导入 AutoCAD 软件,通过软件自带工具采用等比例法实现测量。由于钻头在实际工况下转速太快,其跨尺度有限元模型单元的删除是不可恢复的,故取分层区域的中心区域产生损伤单元面积计算分层损伤系数,如图 4.16(b) 所示。因而,分层损伤系数可表示为[154,155]:

$$D_d = \frac{A_d}{A_{nom}} \qquad (4.4)$$

式中:D_d 表示出口分层损伤系数,%;A_{nom} 表示中心孔径区域面积;A_d 表示分层区域产生损伤单元面积。

根据图 4.16(c) 和图 4.17(c) 分别计算出跨尺度有限元模型和实验工况中不同加工参数下 CFRP 出口处的分层损伤系数,如图 4.18(a) 所示。

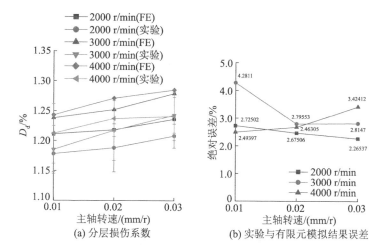

图 4.18　不同加工参数下 CFRP 出口损伤系数及误差

从图 4.18(a)中可以看出,跨尺度有限元模型和实验的分层损伤系数结果较为接近,同时随着工艺参数的变化,其变化趋势也趋于一致,当加工参数为 $S_r = 4000$ r/min,$S_f = 0.03$ mm/r 时产生的分层最大,其分层系数约为 1.30。随着主轴进给量和主轴转速的增加,出口损伤系数呈现出不断增大的趋势,其主要原因如下:

(1)当钻头的进给量增大时,由于切削厚度增大,促使轴向力和扭矩增大,更容易出现层间分层现象;

(2)随着钻头钻削转速的增大,钻头对 CFRP 切削时单位时间内产生的摩擦热增多,树脂更容易出现软化,进一步引起层间分层,同时树脂的软化作用引起温度升高,促使钻头黏附性磨损增强,进而降低钻头的切削性能,使分层和撕裂现象更明显;

(3)钻头转速的增大,可能导致刀具主轴的振动增强,加工条件恶化,促使裂纹进一步扩张。

为了量化其评价指标,同样引入绝对误差对跨尺度有限元模型和实验测量计算的出口损伤系数进行评价。从图 4.18(b)中可以看出,跨尺度有限元模型能够较真实地模拟出钻削后 CFRP 出口处的损伤,所有工况下分层损伤系数的最大误差仅为 4.28%。但是,跨尺度有限元模型的出口分层损伤系数均略大于实验测试结果,主要原因是建立的有限元模型中 CFRP 采用宏观单元模型,单个单元包含众多的纤维丝,当部分纤维丝发生损伤时,通过宏观单元删除或产生较大应力表征。另外,建立的 CFRP 用户自定义本构材料-损伤模型并没有考虑切削热的作用,没有从热效应方面考虑单元的失效。

综上所述,本书建立的跨尺度有限元模型能够真实地模拟出实际工况下的 CFRP 损伤状态,轴向力、扭矩及出口分层损伤系数的最大误差分别为 3.37%,7.69%,4.28%。出现误差的主要原因是有限元模型中采用的材料本构-损伤模型是理想模型,与实际加工时试样的材料属性存在差异,且实验件中存少量纤维断裂、空隙、纤维-基体结合不紧密等初始损伤。同时,跨尺度有限元模型也可以较真实地模拟出孔壁表面损伤(毛刺、出口分层等)现象。另外,由于跨尺度有限元模型忽略了热加工损伤,在实际操作中存在不可忽略的仪器误差(如机床振动、仪器自身误差等)、人为误差(如测量误差)等。

4.5　跨尺度钻削模型的评价

　　为了实现对跨尺度钻削模型的计算效率与仿真结果精度的评价,以对比建立的跨尺度渐进损伤模型相比于当前采用的较为成熟的宏观本构-损伤模型的优劣。根据 4.2 节建立的宏观钻削模型,以及 HASHIN 等和 GOMES 等[156-160]关于 Hasin、Chang-Chang、Tasi-Wu 等失效理论在 CFRP 宏观动态渐进损伤方面的研究,为其编写对应的 VUMAT 用户子程序,并赋予对应的材料属性。在同一刀具、同等网格尺度与网格精度下的 CFRP 模型、相同高性能工作站上模拟 CFRP 钻削预制孔的过程,分别在轴向力与扭矩、模拟材料的损伤现象(毛刺、分层等)等方面与跨尺度钻削仿真模型进行对比分析,并从计算时间、仿真结果与实验测试准确性等方面对各模型计算效率与模拟精度进行评价。

4.5.1　轴向力与扭矩预测的评价

　　在典型加工参数($S_r = 2000$ r/min,$S_f = 0.03$ mm/r)下对建立的 CFRP 钻削有限元模型进行数值模拟分析,采用跨尺度有限元模型,以及 Hasin、Chang-Chang、Tasi-Wu 失效理论等损伤本构模型,分别获取匕首钻钻削层合板结构时产生的轴向力与扭矩数据。不同损伤本构模型下获取的预测结果如图 4.19 和图 4.20 所示(所有模型均采用数值滤波法对振荡过大的数据进行过滤和拟合)。

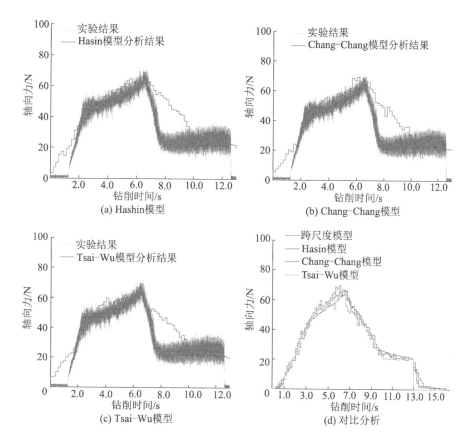

图 4.19　不同损伤本构模型下的轴向力分布

　　在轴向力预测方面,根据图 4.8(b)、图 4.19 可以看出,对 CFRP 钻削预制孔时,所有模型在轴向力趋势变化方面趋近一致。采用跨尺度建模的渐进损伤本构模型在轴向力的预测方面比其他宏观失效模型相比,其钻削过程中各个阶段的预测结果与实验结果的匹配性高,平均轴向力的变化较为平缓,未出现较大的振荡波动等现象,这是因为采用基于宏-细观模型的失效判断准则能够更真实地模拟出宏观单元的失效状态。同时,采用传统的基于 Hashin 失效准则的宏观渐进损伤本构模型时,其获取的轴向力变化相对平缓,这与 ISBILIR[44] 和 FEITO[47] 等学者当前阶段主要采用基于 Hasin 力学的判断准则对 CFRP 钻削进行模拟研究获取的仿真结果相一致。但是,在钻削出入口处位置 Chang-Chang 损伤本构模型的分析结果出现了较大的波动,主要原因可能是 Chang-Chang 损伤本构模型在单元去除时更多地考虑了 CFRP 的面内剪切强度。Tasi-Wu 损伤本构模型采用不区分纤维和基体失效机制的判断准则,导致本不该被删除的单元被删除。另外,所有的模型在钻削出口处获取的轴向力与实验相比都较为迟滞,主要原因是其中采用的 CEs 模型基于断裂韧性的退化方式,设定的耗散能值是根据经验评估得到的,此外模拟层间分层现象中黏结区域 CEs 的作用使得模型中的有些宏观单元没有删除,导致单元与钻头的接触时间过长。

在扭矩预测方面,根据图 4.8(c)和图 4.20 可以看出,扭矩与轴向力的预测表观现象一致,各损伤本构模型的仿真结果显示扭矩的变化趋势一致。与实验结果相比,采用跨尺度损伤本构的钻削有限元模型在钻头钻入 CFRP 层合板底部前的阶段,其平均扭矩的变化较为平缓,更能接近 CFRP 中纤维和基体的真实失效状态。采用宏观本构损伤模型时也出现了较大的振动现象,这类振动与轴向力的振动一致。但是,当钻头钻出层合板底部时,其扭矩均值的变化几乎没有差异,主要原因是扭矩是基于单元与切削刃之间的接触作用产生的,CFRP 材料的去除模拟通过单元的删除实现,单元删除后不能恢复,钻头钻出层合板后仅有部分切削刃的单元与 CFRP 单元接触,接触单元数量几乎一致,因而其轴向力的变化接近一致。

综合以上对轴向力与扭矩的分析,传统宏观本构模型可用于预测轴向力与扭矩的变化趋势,但是预测结果在数值方面的波动较大。相比于传统的宏观本构损伤模型,本书建立的跨尺度渐进损伤本构模型在轴向力和扭矩预测方面与实验结果相比吻合性较好,在数值上能够以较为平缓的振动变化形式真实地模拟出 CFRP 在动态切削作用下轴向力与扭矩的变化。另外,本书建立的所有模型与实验相比,在时间对应方面略显迟滞,需进一步调整摩擦系数、单元删除系数等参数,以实现高精度的预测。

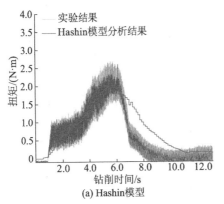

(a) Hashin模型

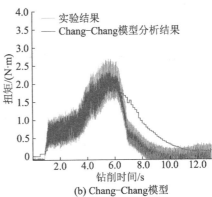

(b) Chang-Chang模型

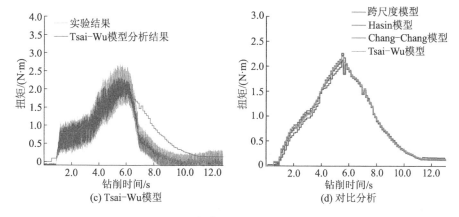

(c) Tsai-Wu 模型　　　　　(d) 对比分析

图 4.20　不同损伤本构模型下的扭矩分布

4.5.2　预制孔出入口损伤的评价

进一步对采用跨尺度渐进损伤本构模型的有限元模型模拟 CFRP 钻削预制孔时产生的毛刺、撕裂、分层等损伤现象的真实性进行评价,当 CFRP 采用不同的失效模型时,根据匕首钻钻削有限元模型在 $S_r = 2000$ r/min, $S_f = 0.03$ mm/r 的模拟结果,对预制孔的入口损伤、孔壁损伤和出口损伤的情况展开分析,以评价跨尺度模型对 CFRP 直观损伤现象模拟的精度。CFRP 钻削模型模拟预制孔的入口、孔壁、出口的损伤情况等分析结果如图 4.21、图 4.22 和图 4.23 所示。

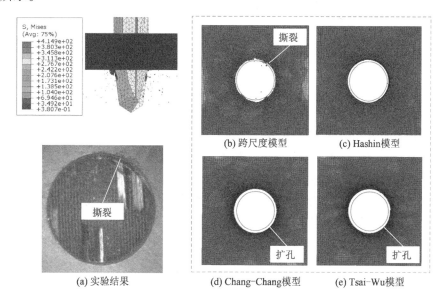

(a) 实验结果　(b) 跨尺度模型　(c) Hashin 模型　(d) Chang-Chang 模型　(e) Tsai-Wu 模型

图 4.21　不同损伤本构模型下预制孔入口处的模拟结果

图 4.21 显示了在采用不同失效模型时预制孔入口处的损伤模拟结果。由图可以看出,在采用不同的失效模型时,预制孔入口处出现的损伤现象差别并不明显,主要原因是匕首钻属于钻、铰孔一体钻头,仅对复合材料钻削时,入口处的断面较为平整,各模型基于单元删除模拟材料去除的结果区别不大。但是,与实验结果相比,跨尺度模型在入口断面处模拟出了类似于纤维撕裂的现象(相同位置处出现了应力较大现象,表层模型夹杂些许单元删除),而传统宏观损伤模型孔入口处周围单元的应力表现较为平均。例如,采用 Hasin、Chang-Chang 等损伤本构模型的钻削有限元模型,预制孔入口处孔周的损伤表现较为一致。另外,采用 Tasi-Wu 模型的钻削有限元模型的模拟结果出现了扩孔现象,主要原因是该有限元模型单元失效的判定较为简单,并不区分纤维和基体结构的失效机制,在钻头的接触作用下,单元一旦受到较小的横向载荷作用,即视为失效,并予以删除。

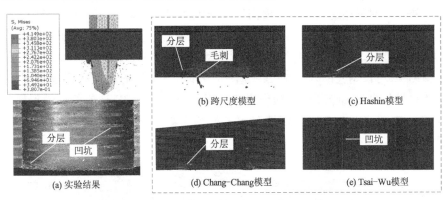

图 4.22　不同损伤本构模型下预制孔孔壁的模拟结果

从图 4.22 显示的分析结果可以看出,当采用不同的失效模型时,由于各损伤本构模型采用的纤维与基体的损伤判定方式类似,因此采用不同纤维铺层角度的 UD-CFRP 层间都出现了凹坑、分层现象,在钻削有限元模型中则表现为单元的删除。跨尺度损伤本构模型出现凹坑、分层的位置与实验结果的匹配性高,其单元能够表现压缩或剪切的状态,并没有出现单元的大面积删除现象,其在接近出口处的位置出现了类似分层现象,并模拟出了最外层出现的毛刺现象(实验中在对其断面切割时,由于人为原因出现了毛刺断裂,因而图中没有显示出较明显的毛刺,仅出现小部分隆起现象)。而根据 Hashin 及 Chang-Chang 损伤本构模型建立的有限元模型,虽然模拟出了类似现象,但由于这类模型采用的单元退化方式不一致,因此过早地删除了单元,仅实现了单元损伤状态的模拟,且层间出现的分层现象与跨尺度损伤模型相比并不明显,与实验测试结果相比其准确性有待商榷。另外,采用 Tsai-Wu 损伤本构模型的钻削有限元模型,由于采用的是单元刚度的瞬间退化方式,因此接触区域的单元一旦受到横向外载荷作用就会直接删除单元,致使接近出口处的孔壁分析结果与实验结果相差甚远。

从图 4.23 显示的仿真结果可以看出,采用跨尺度动态渐进损伤本构模型能够较真实地模拟出预制孔出口处的毛刺、分层、撕裂等直观损伤行为,其各层的损伤状态与实验结果比较一致,不足之处在于该模型难以对毛刺、撕裂等损伤进行量化分析。采用 Hasin、Chang-Chang 损伤本构模型的钻削有限元模型可以模拟产生的分层现象,但无法实现毛刺等较为直观的损伤现象的模拟,主要原因在于传统的宏观本构-损伤模型难以实现对纤维尺度(细观尺度)的模拟。在材料属性方面,通过设置等效均质单元,可在一定程度上对钻削模拟中出现的损伤规律进行分析,但无法对纤维与基体的失效行为进行准确判定,此类现象在采用 Tsai-Wu 损伤本构模型的钻削有限元模型分析中更加明显。采用 Tsai-Wu 损伤本构模型的钻削有限元模型,仅能够实现少量凹坑损伤的模拟,对于出现的毛刺、分层、撕裂等现象则难以模拟,其采用的单元刚度退化方式也是基于均质单元的横观各向异性材料属性,并没有区分组分结构的失效机制,其失效的产生与真实纤维和基体的断裂方式的差别较大。

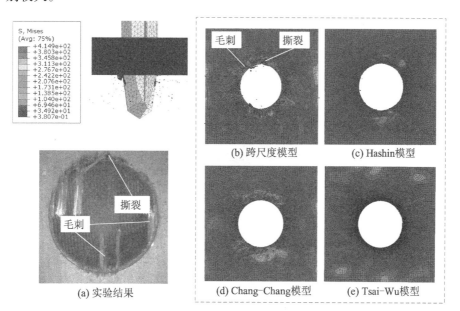

图 4.23　不同损伤本构模型下预制孔出口处的模拟结果

综上所述,采用不同的损伤本构模型模拟 CFRP 钻削预制孔时,从对孔周和孔壁损伤现象的分析结果可以看出,相比于传统的宏观本构损伤模型,采用跨尺度渐进损伤本构有限元模型能够真实地模拟出预制孔入口处出现的撕裂损伤现象,以及预制孔孔壁出现的凹坑、层间分层现象,且能模拟出预制孔出口处的毛刺、撕裂、分层等损伤,不足之处无法对出现的毛刺、撕裂等损伤进行量化。采用宏观的 Hashin、Chang-Chnag 等损伤本构模型,尽管可以实现孔壁凹坑及层间损伤的模拟,但与实验相比其准确性有待商榷;采用 Tsai-Wu 损伤本构模型时,出现了单元的过早删除,进而出现了钻削扩孔现象,且无法真实地模拟出分层现象。因而,本书建立的 CFRP 跨尺度动态渐进损伤本构模型,相比于传统的宏观失效本构模型具有较大的优势,能够较真实地模拟出预制孔的层内和层间损伤现象。

4.5.3　仿真效率与精度的对比

　　在钻削工况下采用不同的损伤本构模型进行仿真模拟时,为了量化钻削有限元模型的计算效率并分析计算结果与实验结果的准确性,根据运用 ABAQUS 软件对各钻削有限元模型计算时间的统计、仿真结束后获取的最大平均轴向力与扭矩对比实验测试结果及 4.4.3 节关于预制孔出口分层系数的统计分析,通过式(4.3)进行误差计算,对跨尺度损伤本构模型的精度进行评价。当 CFRP 钻削有限元模型采用基于 Hashin、Chang-Chang、Tais-Wu 失效理论的渐进损伤本构模型时,在同一刀具、同等网格尺度与网格精度、相同高性能工作站环境下,对仿真模型在计算时间和误差方面进行分析,其结果如图 4.24 所示。

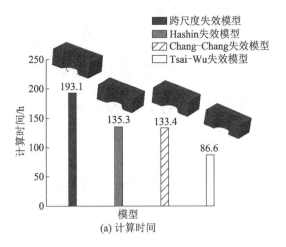

(a) 计算时间

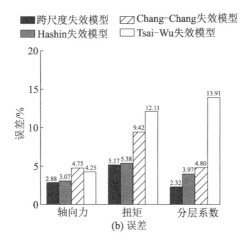

图 4.24　不同损伤本构模型下钻削有限元模型的仿真计算时间与误差

从图 4.24(a)可以看出,跨尺度渐进损伤本构的钻削有限元模型相比于采用传统损伤本构的钻削有限元模型,在相同的计算环境下需花费更长的时间计算,其主要原因是采用跨尺度损伤模型计算时涉及宏-细观信息的调用,在其CFRP 模型中,单元关于纤维及基体的失效判断、单元的刚度退化及宏-细观模型的材料信息交互需耗费大量的时间。而传统的宏观损伤渐进失效模型,其CFRP 单元只需按照预设的材料失效模型进行失效判断、刚度退化、单元删除等一系列分析即可,并不涉及纤维与基体损伤状态信息的交互,如基于 Hashin、Chang-Chang 失效理论的损伤本构模型仅采用了宏观判断失效准则。另外,由于 Tsai-Wu 损伤本构模型不区分组分结构的失效机制,只是将材料属性定义为等效 CFRP 材料属性的结构,因而相比于采用跨尺度及基于 Hashin、Chang-Chang 失效理论的钻削有限元模型,大幅度地缩短了计算时间。

从图 4.24(b)可以看出,跨尺度渐进损伤本构模型在最大平均轴向力与扭矩预测、分层损伤模拟方面相比于传统的宏观损伤本构有限元模型,预测精度更高,模型仿真产生的最大误差均小于采用宏观损伤本构有限元模型,轴向力的预测与分层系数的误差均小于3%,对于扭矩预测的误差比较小,能保证在5%左右。因而采用基于跨尺度建模的动态损伤本构建模能够更真实地模拟 CFRP 在钻削中涉及的轴向力与扭矩的预测和产生的分层损伤等现象。

综上,本书建立的跨尺度钻削有限元模型能够更加真实地预测出钻削加工中产生的轴向力与扭矩、分层损伤等关键参数,预测精度比传统的宏观本构损伤模型高,并能够真实地模拟出预制孔入口处的撕裂损伤,以及孔壁处的凹坑、层间分层,出口处的毛刺、撕裂、分层等损伤现象,不足之处在于难以对毛刺、撕裂损伤进行量化分析。

跨尺度钻削有限元模型在提高精度的同时,由于涉及宏-细观模型的调用,其完整的有限元模型的计算效率有所下降,在采用同一刀具、同等网格尺度与网格精度下的 CFRP 模型、相同高性能工作站上模拟,需花费更多的时间计算以满足高精度需求。如果采用同等细观尺度的建模方式进行模拟分析,就会出现单元数量过多的情况,以至于无法计算。

4.6 本章小结

本章建立了 CFRP 层合板的宏-细观跨尺度钻削有限元模型,对钻削过程中产生的力学响应及渐进损伤现象进行了数值模拟分析,并针对目前在模拟 CFRP 钻削工况下出现的损伤现象,采用传统的宏观本构-损伤模型对跨尺度钻削数值模型的计算效率和模拟精度进行了评价分析。首先,通过 ABAQUS/Explicit 平台建立了匕首钻钻削 T700S-12K/YPH-23 型 CFRP 层合板的跨尺度数值分析模型,以便能够模拟出层内与层间损伤单元动态损伤演化过程,并对不同工艺参数下的制孔工艺进行了模拟分析。然后,基于材料属性一致(铺层顺序、铺层厚度、铺层角度等)的 CFRP 层合板试样,对不同工艺参数下利用匕首钻钻削 CFRP 进行了实验验证,并通过制孔质量评价指标对模型的仿真精度进行了评价。最后,针对目前在模拟 CFRP 钻削工况下出现的损伤现象,采用传统的宏观本构-损伤模型(Hashin、Chang-Chang、Tais-Wu 等失效理论)进行了模拟分析,并在轴向力、模拟材料的损伤现象(毛刺、分层等)等方面与跨尺度钻削仿真模型进行对比分析,通过有限元模型的计算时间、仿真结果与实验测试准确性等对其计算效率与模拟精度进行评价,以分析跨尺度钻削模型的优劣。根据以上研究内容,本章的主要研究成果如下:

(1)基于宏-细观跨尺度建模的匕首钻钻削 CFRP 层合板有限元模型,可以较真实地模拟出不同工艺参数下的钻削加工过程及加工中出现的损伤现象;跨尺度有限元模型在轴向力、扭矩、出口分层损伤系数等制孔质量评价指标方面具有较高的精度,在本书所有工艺参数中,其最大误差分别为 3.87%,7.69%,4.28%。

(2)采用跨尺度建模的钻削有限元模型能够更加真实地预测出钻削加工中产生的轴向力与扭矩、分层损伤系数等关键参数,其预测精度比传统宏观本构损伤模型高,轴向力的预测与分层损伤系数的误差均小于 3%,对扭矩预测的误差能保证在 5% 左右。

（3）采用跨尺度建模的钻削有限元模型能够真实地模拟出预制孔入口处的撕裂损伤，以及孔壁处的凹坑、层间分层，出口处的毛刺、撕裂、分层等损伤现象，不足之处在于难以对毛刺、撕裂等损伤进行量化分析。

（4）跨尺度钻削有限元模型在提高仿真精度的同时，由于涉及宏-细观模型的调用，模型的计算效率有所下降，在采用同一刀具、同等网格尺度与网格精度下的 CFRP 模型、相同高性能工作站上模拟，需花费更多的时间以满足高精度的需求。

第四章图

第 5 章

基于跨尺度模型−人工神经网络的轴向力快速预测

5.1 引言

    由于 CFRP 在钻削时容易造成分层、毛刺、纤维拔出等多种损伤,而在钻削中产生的最大平均轴向力是此类损伤,尤其是分层现象产生的主导因素。轴向力主要由 CFRP 自身的材料特性、钻削刀具、工艺参数(主轴转速、进给量等)决定,且随着 CFRP 层合板的厚度改变,最大平均轴向力也会随之改变。在钻削具有不同材料特性的 CFRP 时,精准预测钻削中产生的最大平均轴向力是预防出现损伤的重要且必要的策略。尽管可以采用跨尺度有限元模型的钻削模拟实现轴向力的预测,但因模型的模拟分析是一个动态显式求解的过程,需要较高性能的计算机(2 个英特尔至强铂金 8160 处理器、128 GB 内存、4 TB 硬盘)花费大量的计算时间(完成单个求解任务需 193 小时)以获取仿真结果。当模型中的材料性能参数、工艺参数、刀具结构等发生变化时,需经历重新建模、重新计算等一系列过程,因此完成复杂工况下的仿真分析需消耗大量的计算机资源和时间。

    为了解决这一问题,以更快速、准确地预测钻削过程中产生的轴向力,人工神经网络这种较为简单且快速的预测技术被引入。整个预测分析过程只须建立 CFRP 材料属性、钻削工艺参数等与轴向力之间的数学关系,这不仅克服了传统的基于逻辑符号的人工智能在处理直觉、非结果化信息方面的缺陷,而且可以采用不同的算法,具有自适应、自组织和实时学习等功能。当新型 CFRP、钻削工艺参数作为输入样本被采纳时,即可快速预测产生的轴向力。由于本书建立的跨尺度钻削有限元模型的准确性高,能够代替实验获取轴向力,在搭建 ANN 预测模型时可提供大量的样本作为支撑,有限元模型具有较容易实现参数化模拟等优势,能够获取大量基于不同参数(CFRP 材料参数、工艺参数等)变化的训练样本。另外,多样本集合也可获取 ANN 模型关键参数的初始权重比例系数,有助于降低训练成本,并提高训练精度。

综上所述,本章将 CFRP 跨尺度钻削模型应用于关于轴向力预测的 ANN 模型训练中,提出一种基于跨尺度有限元模型-ANN 的轴向力快速预测方法,通过建立轴向力与 CFRP 材料属性、工艺参数的 ANN 模型,快速且精准地预测 CFRP 在钻削时产生的轴向力。

5.2 跨尺度有限元模型网格尺寸优化

CFRP 跨尺度钻削有限元模型的网格尺寸在很大程度上决定了仿真结果的准确性,在保证模型中材料失效参数合理的前提下,如果 CFRP 层合板结构模型的网格尺寸设置得过大,在对应的模拟结果中虽然能观测到单元的去除,但是难以模拟出毛刺、拉拔损伤等状态。同时,网格尺寸过大容易导致工件单元过早失效,以致出现切屑形态不理想等问题。如果刀具和工件网格的相对尺寸设置不合理,那么也会产生接触失效问题。在所有关键参数及模型设置均调试好后,三维模型采用较为精细化的六面体网格对损伤模拟进行分析会更加精准,但这势必会影响仿真模型计算的效率。但是,如果网格尺寸设置得过小,那么单元尺寸的数位精度问题会致使仿真结果不准确。例如,对包含纳米尺度网格的有限元模型进行分析时会产生较大的误差,需要采用分子动力学软件进行模拟分析。

5.2.1 不同网格尺寸的 CFRP 跨尺度有限元建模

根据第 4 章的研究内容,为了更精确地模拟跨尺度有限元模型在钻削工况下产生的分层、毛刺、拉拔等损伤现象,需确保 CFRP 单元的模型网格尺寸为细观尺度,同时需要对关键接触区域进行网格细化处理。然而,本书采用的训练模型需要大量的训练样本,且重点关注的是钻削过程中产生的轴向力,如果都按照精细化网格进行计算,就需耗费大量的计算机资源和时间(单个模型的计算需耗费 193 小时)。由于轴向力基于 CFRP 单元与钻头单元之间的接触作用产生,因而本书在合理设置材料失效参数的前提下,针对跨尺度有限元模型设置最优的网格尺寸,在保证精度的前提下提高模型的计算效率。其中,在对跨尺度模型进行网格划分时应注意以下几个方面:

(1) 确定工件网格的最小尺寸:通常网格的最小尺寸与进给量相关,在钻深范围内应保证钻头能够在单圈内切除,同时失效参数也需要根据最小网格模型尺寸进行灵活调整。

（2）合理分割工件的几何模型：对 CFRP 工件尽可能多地采用结构化网格划分方式，关键接触区域需要独立划分，以便于细化网格，从而产生更好的切屑形态，得到更高的仿真效率。

（3）细化局部区域网格尺寸：CFRP 局部区域要有最小的尺寸，并需要确保具有正方形或六面体的结构网格形态。

（4）做好各个区域间网格的过渡设置：对于过渡区域的网格一方面要对其边界设置好尺寸间距比例，另一方面则需要做好网格的控制。例如，采用扫掠网格划分时，需关闭网格的映射功能。

根据以上有关跨尺度有限元模型网格划分关键步骤的论述，本书以跨尺度有限元模型的典型加工参数（$S_r = 2000$ r/min，$S_f = 0.03$ mm/r）及精细化网格［见图 5.1（a）］为基础，分别采用自由和结构化网格划分的方式，复制出多个模型并进行编号。然后，对每个新复制的 CFRP 跨尺度模型重新生成工件网格单元，其网格尺寸设置在 $0.05 \sim 0.4$ mm 的范围内，每个模型生成的网格尺寸间距为 0.05 mm。按照不同网格尺寸和不同网格划分方式生成的有限元模型示例如图 5.1 所示。

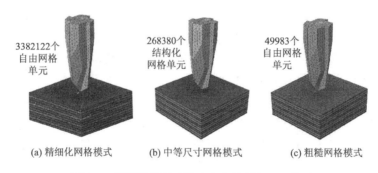

3382122个
自由网格
单元

268380个
结构化
网格单元

49983个
自由网格
单元

(a) 精细化网格模式　　(b) 中等尺寸网格模式　　(c) 粗糙网格模式

图 5.1　不同网格尺寸的跨尺度钻削有限元模型

对多个有限元模型生成不同的网格尺寸后，各模型在不同网格类型下生成的网格单元数量在 $49983 \sim 3382122$ 个范围内。网格模型发生变化时，需要对每层生成的网格单元模型重新设置单元属性、铺层角度、铺层顺序，并根据基础网格生成相同类型的 CEs 等。同时，切削区域的单元也需要重新设置接触关系并对材料损伤失效参数予以微调等，以保证模型顺利运行。最后，对所有划分完网格的跨尺度有限元模型分别建立独立的求解任务，在保证所有的设置与 4.4.1 节中建立的模型一致的前提下，调用关于跨尺度模型的 VU-MAT 子程序，并对各个模型进行求解计算。

5.2.2 跨尺度钻削模型计算效率与模拟结果对比分析

所有模型均完成求解任务后,在软件的历史输出变量中提取轴向力数据,采用数字滤波算法对输入的轴向力曲线进行去噪处理,得到采用不同网格尺寸和不同网格类型的跨尺度有限元模型的轴向力曲线,如图 5.2 所示。

从图 5.2(a)中可以看出,当 CFRP 工件模型在全局采用不同的网格尺寸时,由于有限元模型的所有边界条件的设置均一致,获取的轴向力在整体变化趋势上几乎一致,但是由于网格尺寸与钻头接触区域中的单元大小不一样,因而轴向力每一帧变化的数值不稳定。同时,从图中也可以看出,随着网格尺寸的增大,其振动的幅度也增大,主要原因是轴向力的输出通过钻头处的单元与 CFRP 工件接触实现,CFRP 材料的去除与实际钻削工况不一致,并不是所有的单元模型都能够保存在游离的空间中,而是通过单元删除实现材料去除的模拟。由于单元尺寸的增大,单位面积内与钻头接触的单元数量减少,计算过程中一旦单元被删除,则表示缺失单元间相互接触的力;当单元没有被删除时,则表示一直存在接触力。若假设尺寸较大的单元由许多小单元组成,本应该被删除的许多细小单元却在大尺寸单元中被保留了,当大尺度单元被删除后,便没有小的单元模型与钻头相接触产生相互作用力,故总体上表观为单元尺寸的增大,促使接触节点变得更为稀疏,获取的轴向力曲线振荡幅度也随之变大。

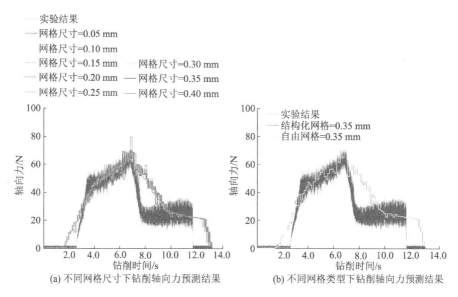

(a) 不同网格尺寸下钻削轴向力预测结果   (b) 不同网格类型下钻削轴向力预测结果

图 5.2   不同网格尺寸和不同网格类型的轴向力曲线

从图 5.2(b)中可以看出,当采用不同的网格划分方式时,由于单元基本尺寸几乎没有发生太大的变化,仅轴向力在接触单元时出现了不同幅度的振荡变化。出现此类现象的主要原因是,在 CFRP 模型中预制孔切削接触区域与钻头模型接触区域的单元数量几乎是一致的,故轴向力上几乎没有太大的变化。

对不同网格尺寸的跨尺度钻削有限元模型进行计算时,随着单元网格尺寸的增大,大尺寸单元表观为单元宏观变形增大,能够承受更大的接触力作用,需满足更高的应力失效条件促使单元删除。若没有达到失效应力条件,则表现为单元不被删除,而一旦到达其失效应力条件,本应该包含的小尺寸单元虽没有发生失效但被同时删除。因此,在模型计算后的 CFRP 构件中由于大尺寸单元的删除,单元之间有较强的连续性,出现了扩孔的现象,而且孔的内壁由于单元切除的原因表现得较粗糙,仅能看到简单的凹坑现象,无法模拟出毛刺、拉拔现象。同时,产生的分层现象不明显,只表观出在分层处的单元出现了部分隆起后就被删除的现象,如图 5.3 所示。

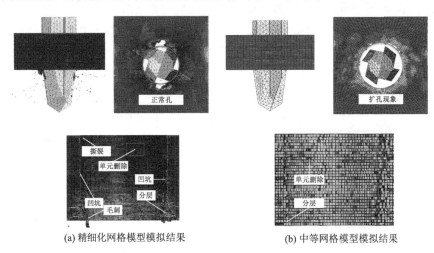

(a) 精细化网格模型模拟结果　　　　　(b) 中等网格模型模拟结果

图 5.3　不同网格尺寸的 CFRP 跨尺度模型分析结果

本章研究主要关注钻削过程中产生的最大平均轴向力,对涉及的损伤现象不做分析。对仿真结果的分析显示,各模型在最大平均轴向力的表观上几乎一致,振荡幅度随着全局网格尺寸的增大而变大,出现此类现象的原因可能是钻头钻削 CFRP 时出现的最大轴向力的位置并不在最底部,而是在没有钻透的位置。

跨尺度有限元模型在采用不同网格尺寸和不同网格划分方式时,为了精确地量化最大平均轴向力的精度,通过有限元模型的仿真结果与实验结果的绝对误差[见式(4.3)]确定各模型的精度。同时,由于模型计算中需要大量的样本,在保证计算精度的前提下尽可能平衡每个训练样本的计算效率,完成所有模型的计算后,各个模型的计算精度和计算时间的统计结果如图5.4所示。

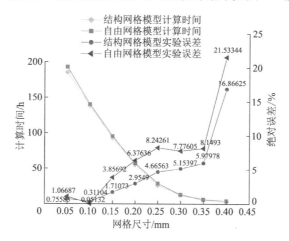

图 5.4   各模型在不同网格尺寸、网格类型时的计算时间与计算精度

从图 5.4 中可以看出,网格尺寸越精细化,模型的计算精度越高,当模型的网格尺寸约为 0.10 mm 时,获取的轴向力精度最高。相反,网格尺寸越粗糙,则模型的计算精度越低。若想获取较高的计算精度,则需花费大量的计算机资源和时间。从所有模型的计算时间统计分析可以看出,随着网格尺寸的增大,计算时间减少,而网格越精细化,需要采用性能越高的计算机。类似地,当采用不同类型的网格时,结构化网格因其单元排列比较整齐,在基本单元尺寸一致的前提下生成的单元数量略少于自由网格模型,故其所需计算时间也同样少于采用自由网格的模型。

跨尺度有限元模型采用不同网格尺寸时,根据对其预测结果与实验结果的对比分析发现,跨尺度有限元模型的全局网格尺寸在 0.05~0.35 mm 范围内时,其计算精度均能保证在 5% 左右,当网格的全局尺寸在 0.40 mm 时,获取的轴向力与实验结果相差较大,误差超过了 15%。跨尺度有限元模型采用 0.35 mm 的结构化网格时,完成整个模型的计算仅需 5 小时左右。但是,当跨尺度有限元模型的全局网格尺寸小于 0.35 mm 时,模型完成计算所需时间呈指数性增长趋势。因而,为了保证模型预测结果在精度上满足小于 5% 的要求,又能高效地计算出大量的训练样本(不考虑模拟分析中产生的损伤现象),故本书将 0.35 mm 的全局网格尺寸的跨尺度有限元模型作为生成训练样本的基础模型。同时,所有的训练样本参数均是基于典型加工参数(S_r = 2000 r/min, S_f = 0.03 mm/r)获取的,每个模型需要在配置有 2 个英特尔至强铂金 8160 处理器、128 GB 内存、4 TB 硬盘的高性能工作站中大约花费 5 小时完成计算。

5.3　跨尺度钻削模型参数样本的获取

为快速准确地预测钻削轴向力,BP-ANN 模型需要大量基于不同参数的跨尺度有限元模型分析结果的训练样本作为支撑,其中训练样本包含输入样本和输出样本两部分。本书在综合考虑训练样本集的均匀性及生成效率的前提下,为保证 CFRP 钻削轴向力预测有较高的精确性和稳定性,以及提高收敛速度,采用伪随机数列——Sobol 序列[161]生成 CFRP 的弹性性能参数、强度参数、钻削工艺参数样本作为输入参数样本集。然后,基于提出的指令驱动有限元-跨尺度模型计算方法,对所有的输入样本进行参数化计算,获取每个输入样本参数下的最大平均钻削轴向力的预测结果,即输出参数样本集。输入样本和输出样本两部分相互结合,搭建 ANN 模型的训练学习,在完成训练后实现新样本集合下轴向力的快速且精准的预测。

5.3.1　基于伪随机算法的 CFRP 材料参数和工艺参数样本集获取

根据表 4.2 中所采用的 CFRP 力学性能材料属性和仿真模型中采用的钻削工艺参数,采用伪随机数列 659 算法[162]生成参数的样本集,其样本的生成主要包含以下几个步骤:

（1）建立 CFRP 弹性性能参数、强度参数、工艺参数与预测钻削轴向力的概率模型或随机分布表征关系;

（2）通过对概率模型或随机过程的观测（或抽样实验）分析所求随机参数的统计特征;

（3）通过设定求解精度或者次数要求,得到目标求解的近似值。

本书将 CFRP 的材料属性和跨尺度模型中采用的工艺参数作为初始输入样本参数,对其样本集生成的过程描述如下:

假设 CFRP 材料属性中的某一项力学性能参数在一维情况下产生一个序列 $x_1, x_2, x_3, \cdots, x_i$, $0 < x_i < 1$。此时需要一个方向数集合 $v_1, v_2, v_3, \cdots, v_i$,其中 v_i 是一个二进制小数,且

$$v_i = m_i / 2^i \tag{5.1}$$

式中：m_i 是小于 2^i 的正奇数；v_i 是借助于系数为 0 或 1 构成的简单多项式,该

多项式为

$$f(x) = x_p + a_1 x_{p-1} + \cdots + a_{p-1} x + a_p \tag{5.2}$$

式中:系数 $a_i \in \{0,1\}$;p 为多项式的自由度。在选定多项式后,当 $i > p$ 时,存在递归公式

$$v_i = a_1 v_{i-1} \oplus a_2 v_{i-2} \oplus \cdots \oplus a_p v_{i-p} \oplus (v_{i-p}/2^p) \tag{5.3}$$

式中:⊕表示为异或运算。

同样对于 m_i,也存在对等的递归公式

$$m_i = 2 a_1 m_{i-1} \oplus 2^2 a_2 m_{i-2} \oplus \cdots \oplus 2^p a_p m_{i-p} \oplus m_{i-p} \tag{5.4}$$

选取满足上述条件及自由度为 p 的本原多项式,将式(5.4)代入式(5.1)即可求得对应的方向数 v_i。最后该参数"Sobol 序列"中的 $x_1, x_2, x_3, \cdots$,可以通过下式生成:

$$x_i = d_1 v_1 \oplus d_2 v_2 \oplus \cdots \oplus d_i v_i \tag{5.5}$$

式中:d_i 的取值为 0 或 1。

综上对训练样本集生成过程的描述,结合对 CFRP 的各项力学性能材料参数和工艺参数的分布特性分析,在 MATLAB 软件中开发了相应的程序,如图 5.5 所示。

```
clear
clc
pro = pro_Create();
pro = pro_AddInput(pro, @()pdf_Sobol([130000 142000]), 'X1');%1方向弹性模量138700
pro = pro_AddInput(pro, @()pdf_Sobol([6000 8000]), 'X2');%2方向的弹性模量7000
pro = pro_AddInput(pro, @()pdf_Sobol([0.2 0.3]), 'X3');%12/13泊松比0.25
pro = pro_AddInput(pro, @()pdf_Sobol([0.25 0.35]), 'X4');%23泊松比0.31
pro = pro_AddInput(pro, @()pdf_Sobol([2500 3500]), 'X5');%12/13剪切模量2959
pro = pro_AddInput(pro, @()pdf_Sobol([2000 3000]), 'X6');%23剪切模量2506
pro = pro_AddInput(pro, @()pdf_Sobol([1350 2350]), 'X7');%1方向拉伸强度1870
pro = pro_AddInput(pro, @()pdf_Sobol([800 1300]), 'X8');%1方向压缩强度1026
pro = pro_AddInput(pro, @()pdf_Sobol([30 60]), 'X9');%2方向拉伸强度45
pro = pro_AddInput(pro, @()pdf_Sobol([125 175]), 'Y1');%3方向拉伸强度156
pro = pro_AddInput(pro, @()pdf_Sobol([25 55]), 'Y2');%3方向压缩强度40
pro = pro_AddInput(pro, @()pdf_Sobol([115 175]), 'Y3');%12平面剪切强度145
pro = pro_AddInput(pro, @()pdf_Sobol([70 110]), 'Y4');%23平面剪切强度87
pro = pro_AddInput(pro, @()pdf_Sobol([40 70]), 'Y5');%13平面剪切强度58
pro = pro_AddInput(pro, @()pdf_Sobol([-10,-40]), 'Y6');%进给速度-30
pro = pro_AddInput(pro, @()pdf_Sobol([-1500,-3000]), 'Y7');%主轴转速-2000

pro = pro_SetModel(pro, @(x)TestModel2(x), 'model');

pro.N = 30;

pro = GSA_Init(pro);
```

图 5.5　CFRP 材料力学性能参数和工艺参数样本集生成程序

根据 CFRP 材料性能参数初始源数据(见表 4.2)和钻削模型中采用的工

艺参数($S_r = 2000$ r/min, $S_f = 0.03$ mm/r), 分别在合理的范围内对各项参数设定参数生成样本, 并根据训练的需要设定生成样本的个数与组数。为了提高BP-ANN 模型的训练精度, 并结合 CFRP 跨尺度钻削有限元模型在工作站中的求解时间, 最终确定对输入样本集中生成两组包含 30 个样本的 CFRP 力学性能参数和工艺参数的基础数据集。对两组数据集中每个参数的样本数据进行交叉替换, 最终生成 540 组用于训练的输入样本集。由于在跨尺度有限元模型中输入 UD-CFRP 材料属性时, 其材料属性为横观各向同性材料, 即 $E_2 = E_3$, $\nu_{12} = \nu_{13}$, $G_{12} = G_{13}$, $S_{XY} = S_{XZ}$, 生成用于 BP-ANN 模型训练的数据样本集示例如表 5.1 和表 5.2 所示, 类似的数据样本还有 535 组。

表 5.1　CFRP 跨尺度钻削有限元模型输入参数样本示例

序号	CFRP 弹性参数/GPa						钻削工艺参数	
	E_1	E_2/E_3	ν_{12}/ν_{13}	ν_{23}	G_{12}/G_{13}	G_{23}	$S_f/(\mu m \cdot r^{-1})$	$S_r/(r \cdot min^{-1})$
1	140.83	6.081	0.292	0.282	3.348	2.549	19.89	1631.9
2	132.57	7.554	0.209	0.305	2.967	2.110	24.60	2659.0
3	136.45	7.038	0.269	0.339	3.162	2.406	27.31	2237.7
4	134.14	6.575	0.225	0.274	2.528	2.972	12.02	2523.5
5	139.97	7.851	0.240	0.328	2.796	2.740	13.04	2059.4

表 5.2　CFRP 跨尺度钻削有限元模型输入的强度参数　　　　单位:MPa

序号	X^T	X^C	Y^T	Y^C	Z^T	Z^C	S_{XY}/S_{XZ}	S_{YZ}
1	1953.25	815.83	32.87	152.34	53.41	134.36	77.99	50.88
2	1738.42	1167.76	45.60	147.49	34.27	173.72	101.27	67.03
3	2292.19	1272.75	53.54	169.33	26.37	126.94	90.47	46.74
4	1381.94	937.43	40.01	130.81	46.33	151.28	88.75	55.46
5	2172.88	1025.90	59.83	140.99	39.69	158.70	95.95	54.95

5.3.2　指令驱动有限元−跨尺度模型的轴向力样本集获取

根据 4.2.2 节的研究综述, 需在初始跨尺度有限元模型中分别修改 540 组训练样本的材料属性参数和钻削工艺参数, 然后分别建立对应的求解任务并提交计算, 以获取每个样本模型的轴向力, 用于构建 BP-ANN 模型的结果样本集。

　　虽然在修改材料参数的前提下,通过建立跨尺度钻削有限元模型的 Python 脚本程序,可以实现对所有输入样本集的轴向力预测,但通过手动方式逐一修改 Python 文件并直接在软件中运行的方法主要有以下几个缺点:

　　(1) 由于存在大量的输入样本,如果完全通过手动修改并直接在 ABAQUS 软件中运行,则整个过程耗时耗力;

　　(2) 由于软件针对模型求解任务的提交有限制,仅能实现对单个脚本程序的运行,且针对不同参数的样本,其计算时间不同,需在完成一个模型计算后通过手动方式重复上一个步骤,这不仅耗时耗力,而且由于存在人为疲劳因素,手动修改 Python 脚本容易出错;

　　(3) 每次在运行 Python 脚本后会产生大量的计算结果文件,占用大量的硬盘空间。

　　为了解决上述问题,使跨尺度有限元表征模型的计算更加高效,本书提出一种实现批量化的计算跨尺度有限元模型的指令驱动有限元计算方法。该方法通过建立跨尺度有限元模型的 Python 脚本文件和 ABAQUS 批处理文件,基于 Isight 软件平台,实现所有跨尺度钻削有限元模型的批量化求解,进而最大限度地利用计算机的计算资源,减少人为工作量及降低出错率,更方便、快捷地输出、输入样本集。

　　运用指令驱动有限元计算方法获取全部训练模型的轴向力流程图如图 5.6 所示。完成输出样本主要包含以下 4 个步骤:

　　步骤 1:根据 4.2 节的描述,在 ABAQUS 软件界面中对跨尺度钻削有限元进行参数化建模、提交计算并提取计算结果文件,保存已建立的模型,删除对应的建模、设置、分析等一系列过程的操作记录文件;

　　步骤 2:重新打开模型文件,对 CFRP 模型的材料属性和边界条件模型中的工艺参数进行修改,保存修改操作记录文件,并予以调试处理;

　　步骤 3:编写 ABAQUS 批处理文件,将求解后提取的结果文件分别导入 Isight 软件的 Simcode 模块中实现跨尺度有限元法对 CFRP 钻削轴向力预测的集成;

　　步骤 4:将 540 组纤维和基体的力学性能参数样本导入 Isight 软件的 DOE 模块,通过软件设置实现输入参数样本集数据的自动修改及自动提交作业求解,并修改计算结果文件的存储路径,采用指令驱动文件计算并获取全部的输入样本集结果文件,即形成表征结果样本集。基于输入样本集,通过指令驱动跨尺度有限元计算方法表征的结果样本集示例如表 5.1 所示,类似的输出结果样本集还有 535 组。

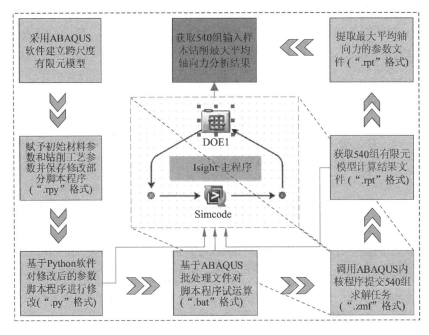

图 5.6   指令驱动有限元方法获取轴向力流程图

由于每个模型计算的总时间均需 5 小时左右,可将所有的输入样本模型分批次导入计算结果。为了预防在求解任务时可能出现的断电现象,将全部输入样本的计算结果在 4 台同类型的高性能工作站上同步计算,约需一个月的时间完成所有的求解任务。

5.3.3   基于 BP-ANN 模型的参数特征选择分析

在获取数据集后,其中每个材料的属性称为特征,如 CFRP 的弹性模量、泊松比等,对当前学习任务有用的属性称为"相关特征",其他的属性称为"无关特征"。从样本的特征集中挑选出与表征量相关性最大的特征子集的过程,称为特征选择[163]。

基于 BP-ANN 模型的参数特征选择是指从所有训练样本的特征集中,按照某一准则选择出具有良好区分特性的特征子集[164]。因而,需对跨尺度有限元模型所有训练样本的参数进行特征选择,即利用某种特征函数独立地对每个 CFRP 的力学性能参数及钻削工艺参数进行评价。然后,将所有的参数按照计算出的权重系数进行排列,从中选择出相关性最大的子集,这有利于减少 BP-ANN 模型需要处理的数据量和降低数据中的噪声影响,节约训练模型的计算成本,防止在训练过程中出现过度拟合的风险[163]。

基于 BP-ANN 模型的特征选择过程主要包含主成分分析和基于自适应特

征选择算法的选择,其流程图如图 5.7 所示。主成分分析主要是将分散的一组相关特征的信息集中到少数几个不相关的综合特征上,而这些综合特性特征变量完全可以反映出原有特征的大部分信息[165]。自适应特征算法选择,即在所有的训练样本集中根据输入特征和样本的类型自动选择合理的优化算法,找出合适的隐藏节点得到最优的特征子集,求解出各个特征子集的权重系数。

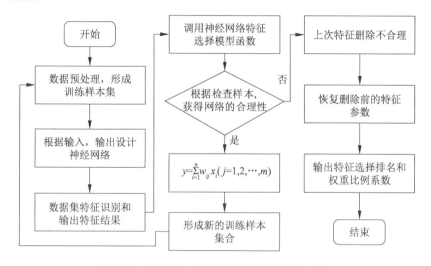

图 5.7 基于 BP-ANN 模型的特征选择流程图

(1)基于单个神经元提取的最大主成分分析。

在单个神经元中,假设训练样本集合 $\{x_1, x_2, \cdots, x_m\}$ 中每个向量样本为 n 维向量 $\boldsymbol{X}_i = \{x_{i1}, x_{i2}, \cdots, x_{in}\}$,则该神经元的输出为

$$y = \sum_{i=1}^{n} w_i x_i \tag{5.6}$$

为了确保各项特性模型的权重系数不会无限制地增长,致使该神经元的训练过程不会停止,对于该神经元的训练优先采用改进的 Hebb 学习算法[166],即

$$\Delta w_i = \eta (y_j x_{ji} - w_i y_j^2) \tag{5.7}$$

式中:Δw_i 表示 Hebb 监督学习项;输入 x_{ji} 与输出 y_j 相关时会加强输入与输出的连接关系;公式右端第二项为阻尼系数项,可以确保所有特征的权重系数 $\sum_{i=1}^{n} w_i^2$ 趋近于 1。

（2）基于单层神经网络的主成分分析。

由于基于单个神经元的最大主成分分析仅能获得最大的主分量，若将其扩展成一个单层网络，用 w_{ij} 表示 x_i 与 y_j 的连接权重系数，则 y 满足

$$y = \sum_{i=1}^{n} w_{ij}x_i (j = 1, 2, \cdots, m) \tag{5.8}$$

（3）基于神经网络的结构自适应特征选择算法。

自适应神经网络算法是基于特征选择的优化算法，在输入的特征和类别下按照一定的条件选择合适的隐藏节点。如果隐藏节点数目太少，就会引起训练后结果误差太大；如果隐藏节点数目过多，就会导致学习效率低下。基于特征的优化选择原则对影响系数不大的特征优先挑选处理，并逐渐减小特征数，以保证得到最优特征集。

根据以上描述，本书以钻削过程中产生的最大平均轴向力作为输入参数进行特征选择与识别，将表5.1和表5.2中的 CFRP 的力学弹性性能参数、强度参数和钻削工艺参数作为输入数据，结果样本集以采用指令驱动有限元方法获取的最大轴向力为输出样本集。在 Python 软件平台上，按照图5.7所示的流程图编写相应的程序，确定 CFRP 的材料参数、钻削工艺参数对轴向力的影响权重比例系数，如图5.8所示，从而输出各个特征参数的权重比例结果。

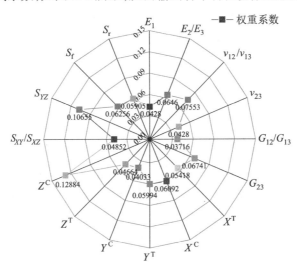

图5.8　基于 BP-ANN 模型的特征选择分析结果

由图5.8可以看出，在 CFRP 所有的材料参数中，沿着 Z 向的压缩强度 Z^C 和 YZ 平面的剪切强度 S_{YZ} 对钻削过程中产生的最大平均轴向力有显著的影响，其权重系数分别为0.12884和0.10655，其他的特征参数对轴向力的影

响较小。但是,其他参数对轴向力的影响也是不可忽视的,尤其是钻削工艺参数,原因是钻削工艺参数在很大程度上决定轴向力的大小。例如,进给量 S_r 越大,最大平均轴向力也越大。

最后,在建立的 BP-ANN 模型的输入层中,在训练初始阶段输入各参数的初始权重系数,避免或减少在训练时出现过度拟合现象,以降低训练成本,提高预测精度。

5.4 基于多层 BP-ANN 模型的轴向力快速预测

本书采用误差逆向传播的多层前馈神经网络(BP-ANN)模型,该神经网络模型是由 McCelland 和 Rumellhart 等在 1986 年针对非线性映射问题的解决而提出的[167]。多层 BP-ANN 模型预测分析的实现过程主要包括两个步骤:首先,需要根据大量的训练样本预测输入样本和输出样本之间的对应关系,从而建立人工智能神经网络,经过一定数量的训练后,将学习结果与预测结果进行比较;然后,通过不断修正各输入参数的权重系数,以减小预测结果与学习结果之间的误差。如果输出误差可以接受,或者达到预定的训练迭代次数,就停止训练。将新的输入参数样本导入训练良好的神经网络模型中,即可得到较好的预测结果。BP-ANN 模型一般由输入层、一个或多个隐藏层、输出层组成,每一层的神经元数量可能不同。

5.4.1 多层结构 BP-ANN 建模

本书采用 Python 软件对神经网络模型进行设计,输入层神经元是 CFRP的弹性参数、强度参数和钻削工艺参数(见表 5.1 和表 5.2),输出层是采用指令驱动有限元方法获取的结果样本集,即钻削平均最大轴向力。BP-ANN 模型根据输入向量大小和输入分类数通常设计 2 个以上的隐藏层。为了对输入参数进行精确分类,隐藏层的神经元数量一般大于输入层的神经元数量。此外,BP-ANN 模型利用均方根误差(MSE)对训练性能进行评价,当训练数据和验证数据的误差小于 11% 时,BP-ANN 模型被认为是一种较好的网络模型[168]。通过改变神经元数量、学习速率、隐藏层数和隐藏层神经元数量等方法确定 BP-ANN 模型的合适网络结构模型。

基于以上描述,本书构建多层 BP-ANN 模型及其训练过程的完整流程如图 5.9 所示。其中,完整的建模过程及训练学习[169]如下:

假设建立的 BP-ANN 模型中包含有 S 个隐藏层,其中用于训练的样本集合总数为 K,在输入层(材料参数与工艺参数)中包含 M 个神经元,输出层(轴向力)中包含 H 个神经元,连接输入层和隐藏层之间的权重系数为 W,连接输出层和隐藏层之间的权重系数为 V,隐藏层与输出层的阈值分别为 θ 和 γ,采用 tanh,relu,sigmoid 3 种激活函数[170]激活神经元。

根据以上假设,第 i 个样本的输入向量、隐藏层的输出向量、输出层的网络输出向量及期望输出向量可分别表示为

$$\begin{cases} \boldsymbol{X}(i) = (x_1(i), x_2(i), \cdots, x_M(i)) \\ \boldsymbol{H}(i) = (h_1(i), h_2(i), \cdots, h_H(i)) \\ \boldsymbol{A}(i) = (a_1(i), a_2(i), \cdots, a_N(i)) \\ \boldsymbol{T}(i) = (t_1(i), t_2(i), \cdots, t_N(i)) \end{cases} \tag{5.9}$$

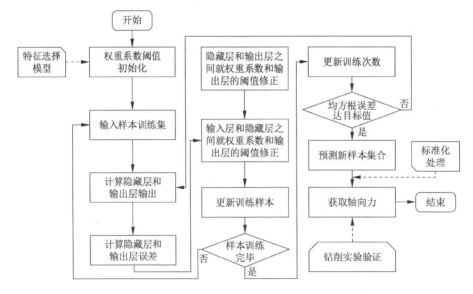

图 5.9　多层 BP-ANN 建模的轴向力预测流程图

完整的 ANN 模型训练与学习过程[171]如下:

(1) 网络模型初始化处理。将所有的输入样本数据和输出样本数据都进行归一化处理,归一化的范围为[0,1],归一化方程[172]可表示为

$$X_{\text{norm}} = \frac{X - X_{\min}}{X_{\max} - X_{\min}} \tag{5.10}$$

式中:X_{norm} 表示归一化值;X 表示初始值;$X_{\min}$ 和 $X_{\max}$ 分别表示输入的最大值和最小值。

将输入样本数据 X 与期望输出 T 录入程序中,并设定均方根误差精度及最大的训练次数。

（2）分别计算训练模型中的隐藏层及输出层的输出权重系数。其表达式为

$$\begin{cases} H_j(i) = f\left(\sum_{j=1}^{m} W_{jk}x_j(i) - \theta_k \right), k = 1,2,3,\cdots,H \\ A_o(i) = f\left(\sum_{k=1}^{H} (V_{ko}H_j(i) - \gamma_o) \right), o = 1,2,3,\cdots,N \end{cases} \tag{5.11}$$

式中：W_{jk} 表示输入层与隐藏层之间的连接权重系数；V_{ko} 表示隐藏层与输出层之间的连接权重系数。由于在特征选择中已经求得其初始权重系数，因此仅需直接输入图 5.8 中的各权重系数数值即可，但在训练过程中可能会不断地进行修正。

（3）对隐藏层和输出层单元之间的校正误差进行求解。求解的表达式为

$$\begin{cases} \delta_o(i) = a_o(i)[1-a_o(i)][a_o(i)-t_o(i)] \\ \delta_k(i) = a_o(i)[1-a_o(k)]\delta_o(i)V_{ko} \end{cases} \tag{5.12}$$

式中：$\delta_o(i)$ 和 $\delta_k(i)$ 分别表示输出层和隐藏层的节点误差。

（4）对输出层和隐藏层的连接权重系数及输出层的神经元的阈值进行修正。修正的表达式为

$$\begin{cases} V_{ko}^{N+1} = V_{ko}^{N} + \eta\delta_o(i)a_o(i) \\ \Delta V_{ko}(i) = -\alpha \dfrac{\partial e}{\partial V_{ko}} = \alpha\delta_o(i)\alpha_o(i) \end{cases} \tag{5.13}$$

$$\gamma_o^{N+1} = \gamma_o^{N} + \alpha\delta_o(i) \tag{5.14}$$

式中：α 表示训练学习率，$0<\alpha<1$；N 表示迭代次数；η 表示调节权重参数的系数。

（5）对输入层和隐藏层间的连接权重系数和隐藏层的神经元阈值进行修正。修正的表达式为

$$\begin{cases} W_{jk}^{N+1} = V_{ko}^{N} + \eta\delta_k(i)x_j(i) \\ \Delta W_{jk}(i) = -\mu \dfrac{\partial e}{\partial W_{jk}} = \alpha\delta_o(i)x_j(i) \end{cases} \tag{5.15}$$

$$\theta_k^{N+1} = \theta_k^{N} + \mu\delta_k(i) \tag{5.16}$$

式中：μ 表示训练学习率，$0<\mu<1$；N 表示迭代次数；η 表示调节权重参数的系数。

（6）通过式(5.12)计算输出各个神经元的误差。如果输出的误差值小于程序中预设的精度，就终止整个训练过程；反之，则重复步骤(2)至步骤(5)。

（7）对迭代的次数进行更新。如果迭代的次数超过预设的最大值，就终

止整个训练过程;反之,则重复步骤(2)至步骤(5)。

(8) 对训练完成的 BP-ANN 模型输入新的训练样本,采用标准化方法进行处理,即可实现轴向力的预测,并基于实验模型验证预测结果的误差。

根据以上对多层 BP-ANN 模型学习训练过程的描述,对模型输入全部训练样本集,运用 Python 软件编写相应的程序,不断改变隐藏层、隐藏层中包含的神经元数量及在隐藏层中采用的激活函数,建立具有不同结构层的训练模型。由于训练样本中有 16 个输入参数,所以按照隐藏层中的神经元数大于16 个且隐藏层数大于 2 个的方案[173,174],不断地训练。

建立的 BP-ANN 模型的完整训练过程在拥有英特尔酷睿 i7-7700 处理器的计算机上花费了约 1 小时的计算时间,训练迭代次数约为 70000 次,训练数据的均方根误差为 0.00151。

图 5.10 所示为具有不同隐藏层和不同隐藏层神经元个数的 BP-ANN 示例模型及通过训练样本得到的预测性能。整个训练过程是在各隐藏层数量一致的前提下确定 BP-ANN 模型的最优隐藏层数量的,并基于最佳的隐藏层数量确定每个隐藏层中包含的神经元数量。

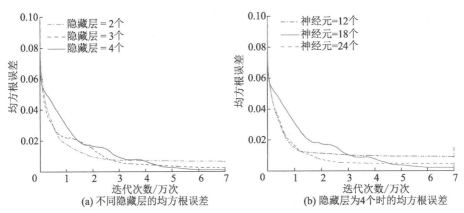

(a) 不同隐藏层的均方根误差　　　　(b) 隐藏层为4个时的均方根误差

图 5.10　BP-ANN 示例模型及预测性能

从图 5.10(a)中可以看出,当模型采用 4 个隐藏层时,其均方根误差相比于仅有 2~3 个隐藏层的大(隐藏层的数量通常不大于 5 个)。从图 5.10(b)和图 5.11 中可以看出,当有 4 个隐藏层时,前三层有 18 个神经元,第四层有16 个神经元能够获得最佳的训练效果(若隐藏层中神经元数量过多,则会出现过拟合的情况)。因此 BP-ANN 模型中包含 4 个隐藏层和每层包含 18 个神经元可得到满意的训练结果,因此选择此结构模型作为最优结构模型进行预测分析。从预设的均方根误差精度和训练迭代次数可以看出,采用 16-18-

18-18-16-1 结构的模型预测不同训练路径下的跨尺度钻削有限元模型样本的最大轴向力,其预测结果精度最高。在该结构的 BP-ANN 模型中,输入层包含 16 个神经元、4 个隐藏层(前三层包含 18 个神经元,第四层包含 16 个神经元),输出层仅有 1 个神经元,如图 5.11 所示。

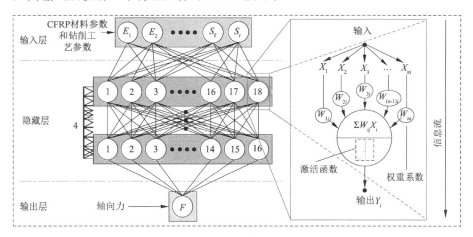

图 5.11　多层 BP-ANN 模型结构图

5.4.2　验证样本集的获取及轴向力的预测

为了评估训练良好的 BP-ANN 模型的预测精度,采用新型测试样本数据集对其进行验证。由于 CFRP 的弹性属性、强度属性在固化后难以继续改变,因而仅修改钻削工艺参数作为验证样本集,且采用此种方式更有利于实验验证。本书以 CFRP 的初始材料属性为基础,采用主轴进给 S_f 和主轴转速 S_r 作为全因子实验[175]的验证样本集,将新的验证样本集导入训练完成的 BP-ANN 模型中,实现轴向力预测精度的验证。

为了区别于 4.4.3 节设置的钻削工艺参数,在本章的实验方案中主轴进给量采用 mm/min 单位制,结合对 CFRP 典型钻削工艺参数的分析,以主轴进给量(S_f = 20,30,40,50,60 mm/min)及其对应的主轴转速(S_f = 2000,3000,4000,5000,6000 r/min)作为预测数据样本集。此外,本书还针对特殊工况(如 S_f = 10 mm/min,S_r = 8000 r/min)的钻削工艺进行了预测,以保证训练后得到的 BP-ANN 模型具有更广的预测范围、更准确的预测精度。

最后,将所有的验证样本集以 Excel 表格的形式导入训练完成的 BP-ANN 模型程序代码中,并采用标准化处理方法实现轴向力的预测,预测结果如图 5.12(a)所示。

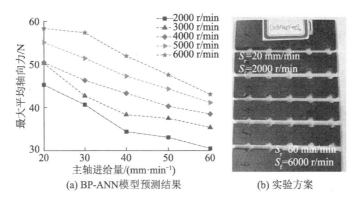

(a) BP-ANN模型预测结果　　　　　　(b) 实验方案

图5.12　BP-ANN 模型预测结果与实验方案设置

5.5　轴向力验证实验

本章采用的验证实验与4.3节中的实验设置方案一致,如图4.7所示,依旧将型号为 T700S-12K/YPH-23 的 CFRP($[(0°/90°/45°/−45°)_s]_4$ 的铺层方式,厚度约为 5.76 mm,32 层)作为实验验证对象。由于对主轴进给量的单位制进行了修改,所以需要将在机床控制界面编写的加工程序中关于控制进给量的 NC 代码由"G95"修改为"G94",其他代码仅需根据设置的主轴转速和主轴进给量进行相应的修改即可。

5.5.1　全因子实验方案设置

根据预设的实验样本集,在主轴进给量($S_r = 20,30,40,50,60$ mm/min)及其对应的主轴转速($S_f = 2000,3000,4000,5000,6000$ r/min)下进行加工实验,为了提高实验的准确性,在相同的加工参数下重复测试 3 次(共采用了 3 块 CFRP 层合板进行测试)。

为了验证训练良好的 BP-ANN 模型具有更广泛的预测范围,在 CFRP 样件的预留实验区对一些特殊的工艺参数进行实验(也用于实验数据没有采集成功的情况),实验方案如图 5.12(b)所示。实验结果获取每个孔的轴向力后,对采用同一钻削工艺参数下的结果求平均值,最后获得所有工况下的测试结果,如图 5.13(a)所示。

5.5.2　验证结果与讨论

从图 5.13(a)所示的实验结果可以看出,BP-ANN 模型对 CFRP 钻削过程中产生的最大平均轴向力的预测值与实验值的吻合性较好,且轴向力的总体变化趋势与主轴转速和进给量的变化保持一致。为了量化预测结果与实验结果的准确性,同样引入绝对误差以评价预测精度。对实验结果与预测值之间的绝对误差分析的总体结果如图 5.13(b)所示。

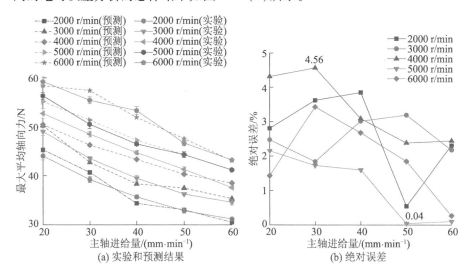

图 5.13 实验结果与误差分析

从图 5.13(b)可以看出,预测结果与实验结果非常接近,两者间最大绝对误差仅为 4.56%,最小误差仅为 0.04%。BP-ANN 模型对特殊工况下的钻削工艺参数的预测值与实验值相比,最大误差接近 5%(图 5.13(b)中并没有标示,但是在实际中进行了计算,并予以采纳)。误差出现的主要原因如下:

(1)建立的跨尺度有限元模型与实验装置存在误差,如图 4.9 所示;

(2)在钻削测量系统中,测力仪采集系统本身存在误差;

(3)有限元模型中复合材料的材料性能参数被认为是理想的材料,但由于在高温高压下制备 CFRP 过程中可能会有少量的纤维损伤,因此与实验材料相比存在误差;

(4)建立的 BP-ANN 训练模型中设定的均方根误差和训练迭代次数还需进一步匹配,要满足更加精确的预测,需设置更小的均方根误差和增加迭代次数。

因而,本书提出的基于跨尺度模型-ANN 的预测方法,能够高效、精确地预测针对 CFRP 层合板钻削中产生的最大平均轴向力。该预测方法主要有以下两方面的优势:

(1)与传统的 ANN 模型相比,本书建立的 BP-ANN 模型考虑了 CFRP 的材料力学性能和所有输入参数的初始权重系数对钻削力的影响,能够较大幅

度地提高学习效率,减少在训练时出现过拟合现象;

（2）与跨尺度有限元模型相比,该方法不需要耗费大量的计算时间就可以获取预测的轴向力,训练完成后得到的 BP-ANN 模型可以在短时间内根据 CFRP 材料参数、钻削工艺参数的变化实现轴向力的预测。当确定 CFRP 的临界轴向力时,合理选择钻削工艺参数,能减少钻削可能出现的损伤。

另外,可以将训练完成且具有良好训练效果的 BP-ANN 模型用于采用类似的钻削刀具、钻削工艺参数和类似属性的 CFRP 中,实现高效且精准地预测钻削时产生的轴向力。

5.6　本章小结

为了更高效、准确地预测 CFRP 在钻削过程中产生的轴向力,本章提出了一种基于跨尺度模型-ANN 的轴向力预测方法。首先,在保证对轴向力预测精度的前提下,以最佳计算效率为目标,优化了初始跨尺度模型的最优单元网格尺寸,提升了获取训练样本的计算效率;然后,基于伪随机数列算法,编写对应的程序生成了大量的基于 CFRP 初始材料属性和钻削工艺参数等的输入样本集,通过指令驱动有限元计算方法实现了轴向力输出样本集的获取,并基于 ANN 的特征选择模型,对输入参数的权重进行求解分析;最后,搭建了多层改进 BP-ANN 的轴向力预测模型,通过全因子实验方法获取了新型验证样本集,基于训练完成的 BP-ANN 模型实现了钻削轴向力的预测,并采用等工况实验验证了样本模型的预测精度及分析了误差的产生原因。

基于以上研究分析,本章的主要研究成果如下:

（1）跨尺度钻削有限元模型采用全局网格尺寸约为 0.35 mm 的结构化网格模型时,既在轴向力的预测方面具有较高的预测精度,又有高效的计算效率。但是,由于网格尺寸过大,并不能模拟出钻削时产生的毛刺、拉拔等损伤现象。

（2）在 CFRP 所有的材料参数中,沿着 Z 向的压缩强度 Z^c 和 YZ 平面的剪切强度 S_{YZ} 对钻削过程中产生的最大平均轴向力有显著的影响,其权重系数分别为 0.12884 和 0.10636。其他的特征参数对轴向力的影响较小,但是钻削工艺参数在很大程度上决定钻削轴向力的大小。

（3）采用 16-18-18-18-16-1 结构的 BP-ANN 模型是用于预测最大平均轴向力的最优结构模型。与实验结果相比,其最大绝对误差仅为 4.56%,

最小误差与预测结果的差异非常小,仅为 0.04%。在对特殊钻削工艺参数下的预测时,与实验值相比,其最大误差接近 5%。

(4)训练完成的 BP-ANN 模型可以用于类似的钻削刀具、钻削工艺参数和类似属性的 CFRP 中,能够高效且精准地预测钻削时产生的轴向力。

第五章图

第6章

CFRP 纵扭耦合超声振动辅助钻削工艺分析

6.1 CFRP 纵扭耦合 RUAD 工艺损伤抑制机理

在对 CFRP 进行钻削制孔工艺过程中出现的毛刺、拉拔、分层等损伤缺陷,主要是由位于钻头处的切削刃无法在高速切削过程中将高强度纤维斩切而引起的。在无法切断的纤维层间,当钻削产生的轴向力大于 CFRP 自身的材料临界轴向力时会出现挤压现象。而在纵扭耦合 RUAD 工艺中,在钻头钻削方向的轴向和扭转方向上均施加了一个周期性振动,在振动周期内部钻头与工件间断接触及分离,减少了钻头对实验样件的切削时间,改变了实验样件的切削条件,从而减小了摩擦系数,有利于提高切削孔壁的表面质量。同时,刀刃的切削速度是由基础的主轴转速和主轴进给量在扭转振动方向和轴向振动方向上的叠加,有利于改变钻削过程中实际的钻削速度,可实现在较低转速下达到高速钻削的效果,且对钻头的钻入方式进行改变,使钻头在钻削时具有较大的初始速度和瞬时加速度。在较大的瞬时加速度下 CFRP 发生了超前的微观断裂,更有利于实现对纤维丝的斩切。钻头与 CFRP 周期性的接触与分离,使钻头在钻削过程中不断地往复运动,由于树脂的软化作用,在钻削过程中对孔壁表面再次进行微观的切削,达到反复熨压效果,从而改变了孔壁表面的加工质量。基于此类特性,本章采用纵扭耦合 RUAD 工艺,对匕首钻钻削 CFRP 的损伤抑制机理进行分析,以最大限度地提高孔壁的表面质量和抑制孔出口处损伤,实现精密制孔。

6.1.1 纵扭耦合 RUAD 工艺分析

在采用匕首钻钻削 CFRP 加工工艺中,匕首钻钻头的主要运动为旋转运动,进给运动为轴向移动,匕首钻切削主要包含三个部分:横刃、第一切削刃和第二切削刃。在钻削时对 CFRP 材料去除作用最大的是第一切削刃,其次为第二切削刃,横刃对材料的去除作用很小,且因为横刃自身是负前角,切削时主要是通过挤压进入材料内部而并非直接切入材料内部,所以横刃处的加工条件是最为恶劣的,在结构上横刃的长度远小于第一和第二切削刃,横刃几乎不影响扭矩的大小,但是横刃对轴向力的大小起决定性作用。

在对 CFRP 层合板制孔加工过程中产生的切削力主要表现为轴向力,而切削力的大小与切削厚度相关。匕首钻钻头的第一切削刃主要对材料起切除作用,表现为钻削工艺,而第二切削刃则是对孔进行扩削,表现为镗孔工艺。本研究采用纵扭耦合 RUAD 工艺对 CFRP 层合板进行切削加工时,是通过钻头轴向振动和扭转振动相结合的方式进行的,轴向振动钻削表示振动方向与钻头的轴向方向一致,扭转振动钻削表示振动方向与钻削的方向一致,如图 6.1(a)所示。纵向振动主要通过改善第一切削刃的切削厚度使得切削过程具有分离断续脉冲式的特性;扭转振动主要通过改善第二切削刃产生往复脉冲式铰孔特性。

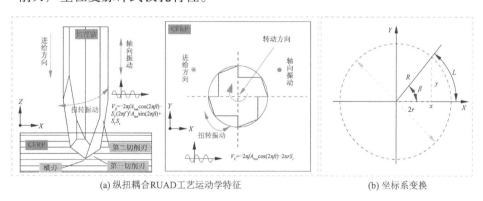

(a) 纵扭耦合RUAD工艺运动学特征   (b) 坐标系变换

图 6.1   纵扭耦合 RUAD 工艺的加工原理及坐标系变换

在匕首钻的顶部中心点处建立极坐标系,将钻头的进给方向定义为 Z 轴的负方向,以过钻头中心且垂直于 Z 轴的平面为极坐标平面,由超声电源激励产生的超声振动作用于匕首钻上,则在钻削过程中切削刃距离中心处距离为 r 的任意一点在某时刻的极坐标位置表示为

$$\begin{cases} L = -A_{\text{tor}} \sin(2\pi f t) - 2\pi r S_{\text{r}} t \\ R = r \\ Z = -A_{\text{lon}} \sin(2\pi f t) - S_{\text{f}} \left[2\pi f A_{\text{tor}} \cos(2\pi f t) + S_{\text{r}} \right] t \end{cases} \qquad (6.1)$$

式中:A_{tor} 和 A_{lon} 分别代表在超声激励下扭转振动和轴向振动的振幅;f 代表谐共振频率;t 代表钻削时间;S_{r} 和 S_{f} 分别代表机床的主轴转速和主轴进给量。

当变换为直角坐标系时,如图 6.1(b)所示,刀具的周向角位移 β 的计算公式为

$$\beta = L/r \tag{6.2}$$

各点的位移可以表示为

$$\begin{cases} x = r\cos\left\{ \left[-A_{\text{tor}}\sin(2\pi ft) - 2\pi rS_r t \right]/r \right\} \\ y = r\sin\left\{ \left[-A_{\text{tor}}\sin(2\pi ft) - 2\pi rS_r t \right]/r \right\} \\ z = -A_{\text{lon}}\sin(2\pi ft) - S_f\left[2\pi fA_{\text{tor}}\cos(2\pi ft) + S_r \right]t \end{cases} \tag{6.3}$$

例如,当 $D = 6$ mm,$S_r = 2000$ r/min,$S_f = 0.01$ mm/r,$A_{\text{tor}} = 10$ μm,$A_{\text{lon}} = 10$ μm,$r = 3$ mm 时,匕首钻最外侧的刀尖轨迹如图 6.2(b)所示。

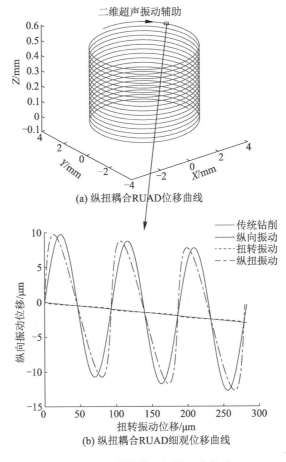

图 6.2　匕首钻最外侧的刀尖轨迹

从图 6.2 中可以看出,在钻削过程中,匕首钻钻头上任意一点的位移轨迹

都是由一个具有相同频率且具有一定相位差并相互垂直的两个振动方向的位移矢量合成,相比于传统钻削、纵向振动、扭转振动,由于纵扭耦合 RUAD 工艺存在轴向及转动方向的往复作用,即代表在一定时间内,刀具会抬起且不再切削材料,这也表明在纵扭振动中第一切削刃的切屑厚度是不均匀的。第二切削刃以镗削的方式进行加工,主要承担扩孔作用,在切削方向上可以更快速地切断纤维丝,同时由于往复的微观切削作用,以及树脂的软化作用,孔壁会出现较明显的熨压痕迹。

6.1.2 纵扭耦合 RUAD 损伤抑制机理

根据第 4 章的研究结果,当采用匕首钻对 CFRP 层合板结构进行钻孔时,通常主要在孔的入口和出口处引起分层,产生此类损伤的主要原因是当钻头的横刃刚接触 CFRP 层合板构件表面而第一切削刃没有进入工作状态时,第一切削刃会产生一个垂直于材料表面且方向向上的剥离分力,由于 CFRP 层合板的层间作用力小,促使剥离分力引起表层材料出现入口分层。同时,当钻头横刃刚钻出 CFRP 层合板底部结构时,第一切削刃和第二切削刃均还在工作状态,由于没有切削的区域厚度减小,导致刚度降低,当轴向钻削力大于纤维层间黏结力的内应力时,纤维层将会发生因树脂断裂而产生的分层或撕裂现象。

从图 6.3(a)中可以看出,在采用传统钻削工艺对 CFRP 层合板制孔时,匕首钻钻头的横刃、第一切削刃和第二切削刃均以恒定的主轴转速 S_r 和进给量 S_f 进行切削,钻头始终与 CFRP 保持接触,此时横刃和第一切削刃的负前角部分对 CFRP 都存在两个作用力,一个是沿 Z 轴负方向上的推力 F_{Z1},另外一个是沿切削速度方向上的切削力 F_{v1}。同时,第一切削刃的前正角部分也会对 CFRP 产生两个作用力:沿 Z 轴方向的 F_{Z2} 和沿切削方向的 F_{v2}。在钻削过程中,在 F_{Z1} 和 F_{Z2} 的相互作用下产生垂直应力促使 CFRP 产生"张开型"裂纹,如图 6.3(d)所示。在切削速度方向上由于 F_{v1} 和 F_{v2} 对纤维的推挤作用,促使钻头前部没有切削分布产生面外剪切应力,导致出现撕裂现象。此外,由于有排屑槽垂直向上的缘故,在切削速度的作用下会产生斜向上的剥离力,从而进一步加剧撕裂,促使产生"撕裂型"裂纹,如图 6.3(e)所示。同理,在第一切削刃和第二切削刃之间也会出现同样的现象,但由于第一切削刃处产生的轴向力相比横刃产生的轴向力小得多,因而较少出现分层撕裂现象(这也是匕首钻钻削 CFRP 的最主要优势)。

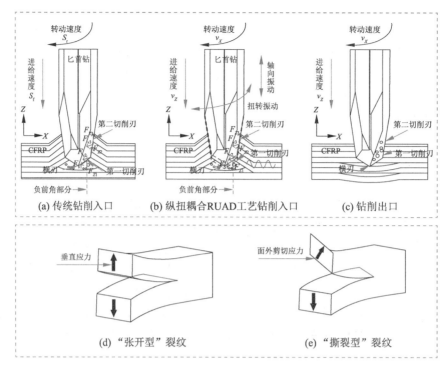

图 6.3   匕首钻损伤缺陷抑制机理

由于 CFRP 层合板结构较厚,底部的承载能力较强,在层合板的孔入口处"张开型"裂纹的出现受到抑制,而表层的纤维在 F_{v2}、F_{v3} 及剥离力的共同作用下会出现撕裂现象。在孔中心部分,由于存在较强的抗扭转和垂直作用力,分层现象不明显,由扭矩作用引起的纤维缺失是主要的损伤表现,即出现凹坑。在孔出口处因为未切削的部分较薄,承载能力下降,在沿钻削方向产生轴向力的作用下促使"张开型"裂纹成为主要的损伤方式,即出现分层。

相比于传统钻削,基于纵扭耦合振动方向的加工方式在超声激励作用下实现了瞬时切削速度的变化,如图 6.3(b)所示,此时可对钻头位移公式进行一阶和二阶求导获得其在各个方向的瞬时速度和加速度,即

$$\begin{cases} V_X = -2\pi f A_{tor}\cos(2\pi ft) - 2\pi r S_r \\ V_Z = 2\pi f A_{lon}\cos(2\pi ft) - S_f(2\pi f)^2 A_{tor}\sin(2\pi ft) + S_f S_r \end{cases} \quad (6.4)$$

$$\begin{cases} A_X = -(2\pi f)^2 A_{tor}\sin(2\pi ft) \\ A_Z = -(2\pi f)^2 A_{lon}\sin(2\pi ft) - S_f(2\pi f)^3 A_{tor}\cos(2\pi ft) \end{cases} \quad (6.5)$$

从式(6.4)中可以看出,当 $V_Z \geqslant S_f S_r$ 时,基于纵扭振动辅助的加工方式会使匕首钻的横刃和切削刃(包含第一、第二切削刃)与 CFRP 层合板发生分

离,由于 V_z 的大小和方向是周期性变化的,因而会使钻头-CFRP 周期性地进给量出现时大时小现象。当 V_z 的方向与进给方向相同时,其进给量相当于在机床提供的进给量方向上进行叠加,在极短时间内增大,在较大的瞬时加速度下促使 CFRP 发生超前的微观断裂,仅需很小的切削力就可以实现材料的断裂去除,如式(6.5)所示,且有利于提高钻削过程中的实际钻削速度,可实现在较低速下达到高速钻削的效果。反之,当叠加的转动速度方向与进给方向相反时,则出现进给量瞬时减小,因而形成了超声振动分离断续式脉冲切削,能够有效避免横刃与第一切削刃对纤维的连续滚卷与推挤作用,较明显地减少了出入口撕裂和孔壁的纤维损伤现象。在这种切削模式下可以使分层、撕裂现象得到有效抑制。同理,V_x 也是在机床主轴转速 $2\pi r S_r$ 的基础上进行叠加的,基于以上分析,钻头处切削刃的切削速度同样会由于超声振动的损伤切削速度的存在而发生周期性改变,使刀具在切向的切削能力也得到提升。从式(6.5)所示的加速度 A_x 的变化中也可以看出,高频的冲击作用会促使纤维丝在第一切削刃的作用下快速斩切,进而减少毛刺现象,且由于往复运动促使第二切削刃对孔壁表面再次进行微观切削,达到反复熨压效果,从而改善孔壁表面的加工质量。根据以上分析,基于纵扭耦合 RUAD 工艺能够有效抑制 CFRP 层合板预制孔的分层、撕裂及纤维损伤等缺陷,同时在钻削效率和预制孔孔壁的表面质量提升方面实现质的飞跃。

6.2 CFRP 纵扭耦合 RUAD 实验设置与跨尺度有限元建模

本书搭建的纵扭耦合 RUAD 实验系统主要包括非接触式感应供电纵扭耦合超声振动钻削系统、数控加工系统、数据测试采集系统、材料的制备与加工刀具等。其中 RUAD 装置用于改变纵扭耦合 RUAD 的工艺参数(振动频率、振动幅度等),数控加工系统用于控制传统钻削工艺参数,数据采集系统用于采集钻削过程中的实时钻削力和扭矩等参数,观测系统用于分析制孔出现的损伤。另外,本书基于新型 CFRP 跨尺度材料本构-渐进失效模型与 CEs 模拟复合材料层间损伤模型,建立纵扭耦合 RUAD 工艺的跨尺度有限元数值仿真模型,以揭示采用纵扭耦合 RUAD 工艺对 CFRP 制孔时对孔壁、孔周出现损伤的抑制机理。

6.2.1 纵扭耦合 RUAD 系统

本书采用自主研制的纵扭耦合 RUAD 装置,整个纵扭耦合 RUAD 装置的部件主要包括 BT40 型纵扭超声刀柄、变幅杆、夹心式压电超声换能器、非接触式感应供电装置、电压放大器及紧固件等,各零部件的组成及连接关系如图 6.4 所示。

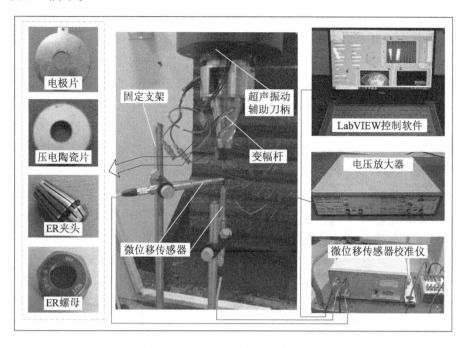

图 6.4　纵扭复合超声振动辅助钻削实物图及振幅标定

　　将装配好的纵扭耦合 RUAD 装置通过 BT40 刀柄与数控机床的主轴相连接,整个超声振动辅助加工控制系统通过计算机控制,自主开发的 LabVIEW 软件将信号输出到数据采集卡上,并控制电压放大器的电压信号,再由电压放大器将低压信号转换成高压信号施加于振动辅助钻削装置的压电陶瓷片上,压电陶瓷片在交变电压信号的激励下产生逆压电效应,将输出的位移通过变幅杆放大后传到刀尖处。

　　整个纵扭耦合 RUAD 实验平台组装完成后,由于刀具的伸出长度对在不同共振频率下产生的振幅有较大的影响,需要采用接触式微位移传感器在不同电压情况下,使专用测试刀具对轴向和扭转振动方向产生的振动进行标定,然后在实际钻削过程中再装上同等长度的新刀具。对于本书实验中采用的匕首钻刀具伸出长度大约为 40 mm,输入的激励信号频率的范围为 0~30 kHz,初始步长为 200 Hz 对频率进行标定,然后基于最优共振频率,对 0~700 V 电压设置步长为 20 V,对其产生的纵向和扭转振幅进行标定,最后标定的结果如图 6.5 所示。

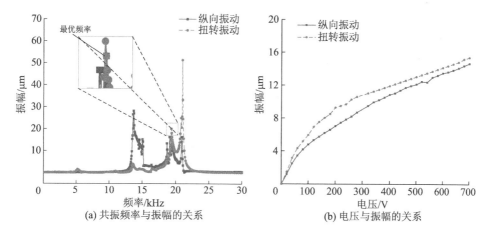

(a) 共振频率与振幅的关系　　　　　(b) 电压与振幅的关系

图 6.5　纵向和扭转振动下电压与振幅的关系曲线

根据标定共振频率与振幅的关系结果曲线可知,当频率约为 19.6 kHz 时在纵向振动和扭转方向均能产生较大的共振振幅。从标定的电压与振幅之间的关系曲线可以看出,在纵向振动和扭转振动两个方向上的振动幅度呈现出半线性关系(类似于二次函数关系,设计时按理论计算电压与振幅应满足线性关系),造成出现此类关系的主要原因是采用的压点陶瓷片具有迟滞性和蠕变性等。

6.2.2　CFRP 纵扭耦合 RUAD 实验测试系统

本实验研究对象采用的 CFRP 层合板的铺层角度、厚度、材料参数和匕首钻钻头参数均与第 4 章研究内容保持一致,如表 4.2 和图 4.6 所示。

CFRP 纵扭耦合 RUAD 实验测试系统的原理图及各测试装置的连接示意图分别如图 6.6 和图 6.7 所示。根据设计的 RUAD 刀柄与加工中心的匹配性,实验在 XK7124 数控加工中心上进行,将装有匕首钻的纵扭超声振动辅助装置与机床主轴相连,钻削加工时采用 Kistler 9257B 压电测力仪对钻削过程中产生的钻削力和扭矩进行采集,CFRP 钻削样件利用夹具安装在压式三向测力计上,测力计通过压板安装在机床工作台上,钻削时产生的钻削力电信号通过 Kistler 5407A 型电荷放大器放大,经过 A/D 转换器采集并传输至 NI DAQ 数据采集软件中,整个采集系统由计算机触发并控制采样频率,钻削时钻头向 CFRP 工件钻入。机床钻削工艺参数的变化由机床主控面板控制,整个钻削实验均在室温且没有冷却剂(风冷)的环境中进行,在钻削加工开始阶段,纵扭振动辅助、测量系统、数控加工系统通过多人协作同步触发。

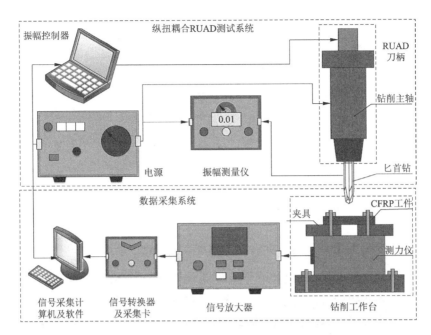

图 6.6　CFRP 扭转耦合 RUAD 实验原理图

图 6.7　纵扭耦合 RUAD 实验装置的连接示意图

根据通过电压对纵向振动及扭转振动标定的振幅曲线(见图 6.5)可知，由于产生的共振振幅均是在同一压电陶瓷片的激励作用下产生的，因而轴向振动幅值和扭转振动幅值在相同电压下一一对应。纵扭耦合 RUAD 实验采用的工艺方案如表 6.1 所示。在相同的加工参数下重复实验 3 次,为了消除因装置和钻削刀具磨损产生的误差,实验采用新的匕首钻,且所有钻削工艺方案实验均在带有超声振动辅助装置的刀柄上进行。传统的钻削工艺中不对超声振动辅助装置施加电压(即在钻削过程中钻头在轴向和扭转方向均不产生振动和扭转)。

表 6.1   纵扭耦合 RUAD 实验采用的工艺方案

参数	传统钻削工艺	纵扭耦合 RUAD 工艺
刀具类型	匕首钻	匕首钻
钻孔直径/mm	6	6
钻孔深度/mm	20	20
机床主轴钻削速度/$(r \cdot min^{-1})$	2000,3000,4000	2000,3000,4000
进给量/$(mm \cdot r^{-1})$	0.01,0.02,0.03	0.01,0.02,0.03
频率/kHz	0	19.6
电压/V	0	100,150,200,250,300,350
轴向振幅 A_{lon}/μm	0	4.77,6.14,7.02,7.81,9.63,10.14
扭转振幅 A_{tor}/μm	0	5.94,7.88,9.29,9.62,10.73,11.21

在实验结束后,采用三维视频光学显微镜(AOSVI-3DM-AF216C)和数码相机(Nikon E950)对 CFRP 层合板在所有加工工艺参数下钻削的预制孔出入口形貌、构成的宏观损伤进行观察,并采用损伤测量系统进行检测。孔壁表面粗糙度、孔周损伤等采用 HiROX 公司生产的型号为 RH2000 的超景深扫描电子显微镜(SEM)进行观察并测量。

6.2.3   CFRP 纵扭耦合 RUAD 跨尺度有限元建模

本书建立的 CFRP 在纵扭耦合 RUAD 工艺下的跨尺度有限元模型,在模型的尺寸、材料本构-损伤参数、单元网格数量与类型、接触区域的关键设计等方面的设置均与 4.4.2 节的研究内容一致,如图 6.8 所示。由于采用不同的加工方式,因而其在边界条件上施加的载荷工况、条件约束与传统钻削工艺不同。

根据钻头沿轴线方向进给 CFRP 层合板的实际钻削工况,对钻削有限元模型设置转速和进给量等边界条件。由于 ABAQUS/Explicit 软件对自由度等的设置有限制,并不能在匕首钻上同时设置钻削工艺参数和超声振动参数,需要在匕首钻和 CFRP 层合板模型上分别对进给速度和转动速度进行设置。首先,将匕首钻模型的运动状态约束在顶部参考点处,对参考点在 X 和 Y 方向上的位移进行限制,在 Z 方向上施加顺时针方向转动速度和轴向振动参数。然后,对 CFRP 层合板在 4 个垂直表面限制 X 和 Y 方向的移动,在沿 Z 轴正方向上施加进给量和扭转振幅,通过相互结合的方式实现施加纵扭耦合振动钻削过程中钻头运动状态的仿真,完整的跨尺度有限元模型按照实验方案分别设置钻削工艺参数、振动频率与振幅参数。例如,当频率为 19.6 kHz、扭转振幅为 11.21 μm 和纵向振幅为 10.14 μm 时模型的参数设置如图 6.8 所示。

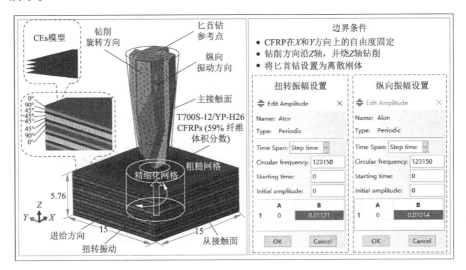

图 6.8　纵扭耦合 RUAD 有限元模型的参数设置

同理,在完成以上模型及边界条件的设置后,根据不同的载荷工况,创建了多个计算任务模型并输出对应的计算输入文件,检查是否设置错误。为节约模型求解时间,同样在分析步中设置大约为 10^3 的质量放大系数[164],以保证计算效率与精度的平衡。最后,在南京航空航天大学的高性能计算工作站上,完整的计算模型中完成单个求解任务的总耗时为 193 小时,工作站主要包含 2 个英特尔至强铂金 8160 处理器、P2000 英伟达显卡、128 GB 内存及 4 TB 硬盘等。

6.3　CFRP 纵扭耦合 RUAD 实验结果与讨论

为了更好地揭示在纵扭耦合 RUAD 工艺下对预制孔缺陷抑制的机理及实现工艺参数与 RUAD 工艺参数的优化,本书选取典型加工参数(S_r = 2000 r/min,S_f = 0.03 mm/r)的完整钻削模型进行细化对比分析。首先,从轴向力及扭矩、孔壁表面损伤,表面粗糙度和出入口损伤缺陷等角度分别进行细化对比验证;然后,在实验分析结果的基础上对所有钻削工艺参数下的损伤缺陷影响规律进行分析,分析因工艺参数与纵扭耦合 RUAD 工艺参数的变化而影响钻削制孔质量变化的主要原因,验证耦合 RUAD 系统对 CFRP 钻削损伤缺陷抑制机理的正确性;最后,基于综合损伤评价系数对工艺参数与振幅参数进行优化选择,实现对 CFRP 高精密制孔。

6.3.1 钻削力与扭矩对比分析

根据 6.2.2 节和 6.2.3 节所述内容分别获取采用匕首钻在对型号为 T700S-12K/YP-H26 的 CFRP 层合板钻削时,有限元分析和多次实验得到的轴向力与扭矩,如图 6.9、图 6.10 所示。

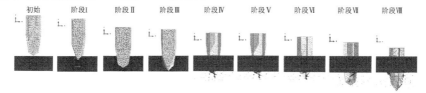

图 6.9 匕首钻钻削 CFRP 层合板时的阶段划分

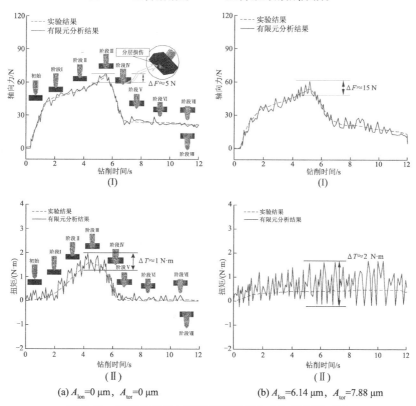

(a) $A_{lon}=0\ \mu m$,$A_{tor}=0\ \mu m$ (b) $A_{lon}=6.14\ \mu m$,$A_{tor}=7.88\ \mu m$

图 6.10 有限元分析与实验得到的轴向力和扭矩的对比

图 6.10 显示了在加工参数为 $S_r = 2000$ r/min, $S_f = 0.03$ mm/r 时, 分别采用传统钻削工艺 ($A_{lon} = 0$ μm, $A_{tor} = 0$ μm) 和纵扭耦合 RUAD 工艺 ($A_{lon} = 6.14$ μm, $A_{tor} = 7.88$ μm) 时的轴向力和扭矩。在 4.5.1 节中已经描述了匕首钻与 CFRP 的接触时间与其钻削轴向力与扭矩的变化关系, 因此在纵扭耦合超声钻削中也可以将整个钻削过程分为 8 个阶段, 因而在本小节不对整个钻削过程中轴向力的变化进行描述, 仅对比分析在纵扭耦合 RUAD 工艺下, 在钻削过程中产生的最大轴向力、平均轴向力、最大扭矩与平均扭矩的变化关系, 如图 6.11 所示。

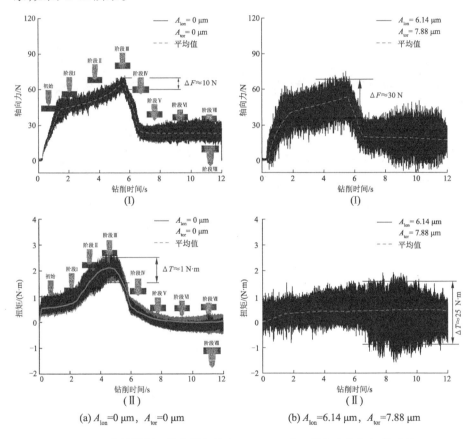

图 6.11　传统钻削工艺和纵扭耦合 RUAD 工艺下轴向力与扭矩的对比

从图 6.10 和图 6.11 的对比分析结果中可以看出, 跨尺度有限元仿真模型和实验分析结果表明匕首钻采用纵扭耦合 RUAD 工艺对 CFRP 层合板进行钻削时, 其钻削的轴向力与扭矩在趋势变化上基本一致, 但是其波形明显不同于传统钻削工艺。施加了纵扭耦合超声振动钻削时的切削力和扭矩的曲线的变化幅度更大,采用传统钻削工艺的切削过程较为平稳,没有较明显的波峰、波谷现象出现。产生此类现象的主要原因是刀具在超声纵扭振动的作用下进给量时大时小,产生高频脉冲式切削现象。这与 6.2.1 节内容中关于刀具运动规律的描述相符合。

通过对比发现,采用纵扭耦合 RUAD 工艺时产生的最大轴向力大于传统钻削工艺下的最大轴向力,而前者的平均轴向力明显小于传统钻削工艺;但是在扭矩的振荡方面前者表现得较为平稳,且平均扭矩没有较明显的趋势变化关系,然而最大扭矩和平均扭矩均小于传统钻削,主要原因是在施加了纵扭转振动后,其刀具钻削进入试验件时会产生一个很大的瞬间切削速度,在切削时能够产生一个极大的瞬间加速度。此类切削方式会促使钻头与工件间产生很大的冲击作用,使切入区域的能量聚集,瞬间产生应力波,促使匕首钻和 CFRP 层合板之间产生间歇性的周期性破坏,且匕首钻的第一切削刃及第二切削刃与 CFRP 的各铺层纤维角之间的动态变化也会引起振荡。同时,由于在较大的瞬时加速度下 CFRP 发生超前的微观断裂,因而在切削过程中平均扭矩没有较大的趋势变化,而瞬间的扭矩振荡的变化幅度则明显大于传统钻削。然而,传统钻削由于没有钻头和 CFRP 高频振动带来的周期性干扰,仅有切削刃与不同铺层角度 CFRP 层合板间引起的动态变化,加上机床的振动较小,其瞬时轴向力与扭矩的波峰、波谷值相对平稳。

通过对纵扭耦合 RUAD 工艺特性进行分析可知,钻头在切削过程中具有冲击特性,使得切削区域的 CFRP 的断裂韧性降低,能够快速斩切纤维,有限元模型模拟中则表现为单元的快速失效导致单元被删除,且删除的单元不可恢复,因而其扭矩的变化关系也同样比较平稳,但其变化幅度同样大于传统钻削。同时由于采用的是宏观建模方式,与微观建模切削模拟存在一定的误差,可能存在过早删除单元的现象,因而在振荡幅度上传统钻削的跨尺度模型模拟结果大于实验结果,但加上纵扭振动辅助条件后则模拟结果比实验结果小。

通过对所有的实验测试结果进行统计分析可以发现,在纵扭参数 $A_{lon} = 7.81~\mu m$,$A_{tor} = 9.62~\mu m$ 和 $A_{lon} = 10.14~\mu m$,$A_{tor} = 11.21~\mu m$ 时,虽然轴向力与扭矩的变化趋势相比在低振幅下表现得一致,其轴向力和扭矩的波峰-波谷振荡幅度均大于低振幅时的振荡幅度,且最大平均扭矩均比传统钻削小,但最大平均轴向力却出现了相等或略大于传统钻削工艺时的现象,如图 6.12、图 6.13 所示。

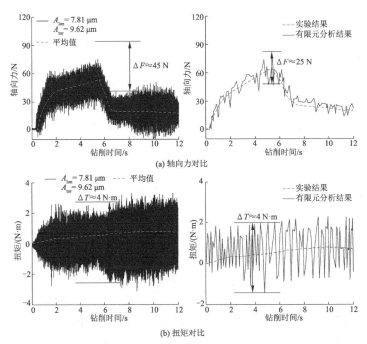

图 6.12　$A_{\text{lon}} = 7.81\ \mu\text{m}, A_{\text{tor}} = 9.62\ \mu\text{m}$ 的轴向力与扭矩对比

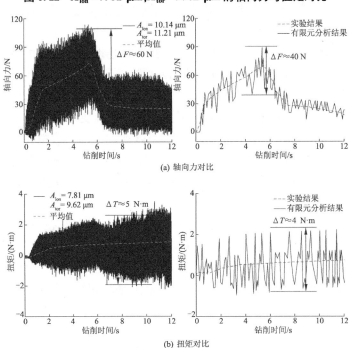

图 6.13　$A_{\text{lon}} = 10.14\ \mu\text{m}, A_{\text{tor}} = 11.21\ \mu\text{m}$ 的轴向力与扭矩对比

出现此类现象的主要原因可能是纵扭振动振幅的增大促使瞬时切削速度和切削加速度过大,导致其产生的钻削力与扭矩振幅整体变大。本书为了探究工艺参数与纵扭超声振动参数对轴向力的影响,分别对全部工艺参数下的最大平均轴向力及轴向力减小百分比进行了分析,如图 6.14 所示。

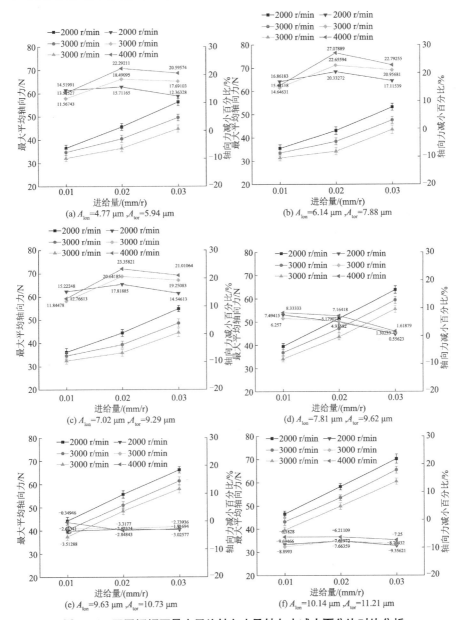

图 6.14   不同振幅下最大平均轴向力及轴向力减小百分比对比分析

从图 6.14 所示的在不同钻削工况下对最大平均轴向力和轴向力减小百分比的分析结果可以看出,在采用匕首钻对 CFRP 制孔时,无论是否采用纵扭耦合 RUAD 工艺,在相同的转速下,随着进给量的增加,最大平均轴向力增大;在相同的进给量下,随着转速的不断增大,最大平均轴向力减小。其主要原因是在不同的转速和进给量下,当进给量增加,每转去除率增大,而当转速增大时,每转的去除率减小,每转去除率的增大必然会使工件受到更大的阻力,致使切削力增大。由于钻削产生的轴向力是切削力的一个分量,因而可促使单转进给量增大,从而引起轴向力增大。

同时,从图 6.14 中可以看出,当加入纵扭振动辅助装置后,在低振幅工况下,不同工艺参数最大平均轴向力最大能够减小 27%,尤其在高转速下均比传统钻削时减小得多。但是,随着振幅的不断增大,其最大平均轴向力减小的幅度变小,当纵向振幅 A_{lon} 为 7~9 μm 时,其最大平均轴向力值已趋近同等传统钻削的工况;而当振幅 A_{lon} 大于 9 μm 时,其最大平均轴向力值出现了大于传统钻削的情况。主要的原因可能是随着纵向振幅的不断增大,每转切削量大于其进给量,而随着转速的增大,出现此类现象的趋势越明显。由于 CFRP 层合板由单层预浸料压缩固化而成,其纤维直径为 7 μm 左右,在 0~7 μm 范围内的振幅,在高频振动的作用下刀刃快速斩切纤维,使得在切削过程中对纤维间仅需较小的横向作用力就能够实现材料的去除,减少了对刀具嵌入纤维后的纵向拉力作用。

因而,当采用纵扭耦合 RUAD 工艺对 CFRP 层合板制孔时,在产生的钻削扭矩方面,瞬时最大扭矩值随着振幅的不断增大而增大,而平均扭矩值却随着振幅的增大而减小;在钻削轴向力方面,当纵向振幅 A_{lon} 小于 7 μm 时,随着振幅的增大,轴向力减小。实验时由于存在较大的钻削阻力和扭矩作用,纵向振幅有一定的衰减,因而在实际中 A_{lon} 小于 9 μm 能够大幅度减小平均轴向力,当 A_{lon} 大于 9 μm 时就会引起钻削的轴向力变大。

6.3.2　孔壁表面形貌对比分析

为了探究分别采用传统钻削工艺和纵扭耦合 RUAD 工艺时,匕首钻对 CFRP 的材料去除机理,以及更清晰地对比分析在两种不同工艺下 CFRP 的孔壁表面形貌,本书首先采用水射流切割方式将 CFRP 试验件沿孔中心位置处切割成两部分,并基于超景深扫描电子显微镜(HiROX RH2000)对 CFRP 的孔壁进行观测。观测前需将观测试验件浸泡在酒精或丙酮溶液中,并利用超声清洗机清洗半个小时左右,以清除观测试样的切屑、油污等杂质,然后将试样在烘箱中烘干。需要注意的是,在准备观测试样的过程中,为了避免出现二次损伤,不能有硬物刮伤孔壁表面,不允许采用棉签等细纤维部件与孔壁表面接触,导致影响观测孔壁的形貌。同时,由于 CFRP 的导电性能较差,在实验观测前需要对试样件进行喷金处理。

图 6.15 为在 $S_r = 2000$ r/min,$S_f = 0.03$ mm/r 的工艺参数下 CFRP 在传统钻削和不同纵扭振幅下的实验结果和跨尺度有限元模型的孔壁表面形貌。从图中可以看出,CFRP 从钻削的入口到出口处的损伤主要表现为入口处劈裂、出口处撕裂、毛边、层间分离、径向挤伤、微裂纹等。进出口处的拉拔与分层是评价制孔质量的关键指标,将在下一小节中细讲。本小节中主要从 CFRP 孔壁表面损伤、孔壁表面粗糙度两个角度进行分析。

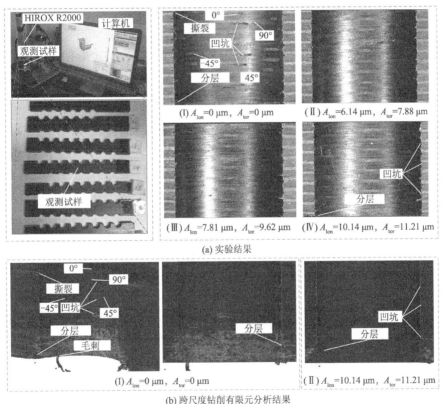

图 6.15　CFRP 孔壁表面形貌对比分析图

为了探究 CFRP 在纵扭耦合 RUAD 工艺的材料去除机理,本书将纤维切削角度 θ 定义为刀具切削方向与未切削层纤维方向所成的夹角,其范围为 $-90° \sim 90°$,如图 6.15 所示。根据图中纤维切削角为 $0°$,$45°$,$90°$,$-45°$时的出口形貌可以看出,由于不同纤维切削角的材料去除机理不同,因而对应加工的表面形貌也不尽相同。在给钻头施加纵扭振动时,当纤维切削角 $\theta = 0°$ 时,材料的去除方式主要为层间剥离断裂,促使纤维和基体出现脱黏或者基体出现破裂,在该纤维切削角下,纤维发生断裂,且由于纤维表面光滑不容易产生树脂涂覆现象。当纤维切削角 $\theta = 45°$ 和 $\theta = 90°$ 时,材料的去除方式转变为径向压缩和剪切断裂,在断裂处产生的凹坑可以容纳微量树脂,在切削热的作用下发生软化作用,凹坑内受刀具不断挤压的作用发生挤压变形,导致涂覆在加工表面上,在扭转振动作用下促使刀具反复熨烫表面,使孔壁表面更光亮;但 $\theta = 45°$ 更有利于切屑的排出。当 $\theta = 90°$ 时,树脂的软化挤压现象更加明显,促使表面出现凸凹不平的现象,故在此切削角度下孔壁的表面质量要比当纤维切削角为 $45°$ 高。然而,当 $\theta = -45°$ 时,材料的去除方式主要为弯曲断裂,此时对基体产生较大的破坏,纤维断裂位置离孔壁表面有一定的深度,故表面处形成较大的凹坑,且凹凸内部的树脂与刀具切削刃不接触,但由于存在扭转振动,对凹坑反复熨烫,促使刀具的回位对凹坑有一定填补,相比于传统钻削工艺,在一定程度上改善了孔壁的表面质量。

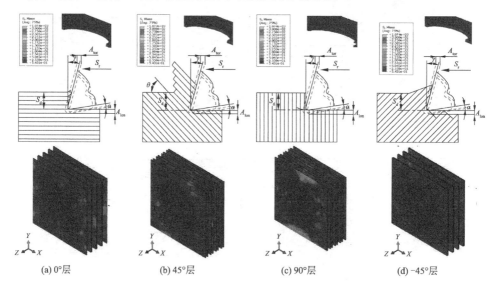

(a) 0°层　　　　(b) 45°层　　　　(c) 90°层　　　　(d) −45°层

图 6.16　纵扭耦合 RUAD 工艺中 CFRP 在不同纤维切削角下的损伤

在传统钻削工艺中,由于材料的去除并不存在间隙性振动,促使切削热过高,孔壁表面的树脂先软化再固化涂覆在表面上,促使树脂的涂覆和未切削的纤维间出现应力集中现象,在加工表面上会产生微裂纹和沟槽。然而,在纵扭耦合 RUAD 工艺中,由于振动反复熨烫的效果,使表面更加光滑,仅出现轻微的微裂纹,并没有出现明显的损伤。因而,采用纵扭耦合 RUAD 工艺加工有助于提高孔壁的表面质量。

同理,图6.15(a)和图6.16跨尺度有限元分析结果显示,不同纤维切削角度的单元模型在应力方向沿着纤维方向上的损伤明显大于其他方向,由于跨尺度有限元模型的损伤在模型中仅能通过单元的删除实现材料的去除,因而出现凹坑的位置表现为单元删除,出现涂覆的地方因单元模型没有达到最大的损伤变量,故大部分单元被保留。当加入纵扭振动的切削作用后,能够快速地实现单元的删除,故没有出现应力较大的单元。另外,通过与实验结果的对比分析,发现出现单元删除的位置和孔壁出现凹坑的位置几乎一致。因而,本书建立的跨尺度有限元模型可以较真实地模拟出传统钻削和纵扭耦合 RUAD 工艺下 CFRP 的孔壁损伤状态。

通过对不同振动幅度下的孔壁状态进行观测,虽然增大纵扭超声振动幅度能够提升表面质量,但是当振动幅度达到一定限值时,其表面质量的提升效果却不明显。因而,为了正确地评价纵扭振动幅度钻削的孔壁表面质量的提升,分别对各实验孔表面采用超景深扫描电镜扫描,实现对孔壁表面粗糙度的测量。测量方法与孔壁测量位置如图4.12所示,测量结果如图6.17所示。

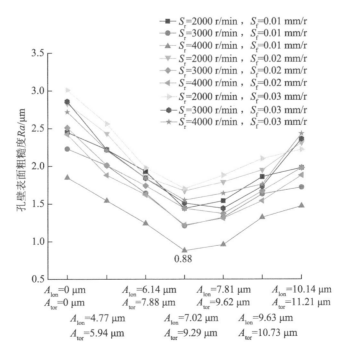

图 6.17　CFRP 孔壁表面粗糙度的测量方法与位置

根据图 6.17 中显示的不同振幅在不同工艺参数下对孔壁表面粗糙度的影响关系可以看出,在传统钻削加工中,孔壁的表面粗糙度随着进给量 S_f 的减小和主轴转速 S_r 的增大而减小。主要原因是纤维丝是较易脆的材料,当转速增大时,匕首钻的切削刃更易切断纤维丝,致使纤维断裂的深度变浅,从而减小表面粗糙度。但当进给量变大时,由于切削厚度变大,切削力和扭矩增大,导致纤维弯曲断裂形成的沟壑更深,因而表面粗糙度变大。

纵扭耦合 RUAD 工艺中,随着振幅的增大,CFRP 钻削孔壁的表面粗糙度出现了先减小后增大的趋势,且在高转速、低进给量下尤其明显,当纵扭振幅为 7~9 μm 时,孔壁的表面粗糙度最小。导致出现此类现象的最主要原因可能是纤维的直径约为 7 μm,当振幅增大到该范围时,在高频振动的激励下切削刃能够快速地斩切纤维,并减少切削热,且由于存在扭转振动的作用,在钻削过程中钻头会对孔壁出现反复熨烫的效果,更有利于减小表面粗糙度。当振幅值大于纤维直径值时,此时由于切削力的增大,致使纤维断裂的根部加深,存在少量纤维在切削到中部出现的拉拔现象,并且由于钻削过程中负载增加,使振幅存在较小幅度的衰减,因而当振幅大于 9 μm 时,孔壁的表面粗糙度又出现了回升。由于本书采用的最大振幅仅为 $A_{lon}=10.14$ μm 和 $A_{tor}=11.21$ μm,在此最大振幅上钻削过后孔壁的表面粗糙度依旧比传统钻削工艺下小,并没有得到纵扭振幅最大值。根据图 6.17 可知,当采用 $S_r=4000$ r/min 和 $S_f=0.01$ mm/r 钻削工艺参数及 $A_{lon}=7.02$ μm,$A_{tor}=9.29$ μm 的纵扭振动辅助参数时,孔壁的表面粗糙度值最小,$Ra=0.88$ μm。

6.3.3　孔出入口损伤对比分析

在采用匕首钻对 CFRP 层合板钻削预制孔时,在孔出入口处容易产生毛刺、撕裂、分层等加工损伤。毛刺损伤主要是指在钻削结束后,CFRP 层合板中未完全被切削的部分纤维,毛刺的方向与表层纤维的铺层方向相同;撕裂损伤主要是指具有一定宽度的纤维存在拉拔现象;分层是指孔壁周围处表层纤维与基体分开,且产生小幅度的隆起现象。

出口处分层损伤是在钻削预制孔工艺加工中产生的主要缺陷,形成的主要原因是在钻削过程中由于 CFRP 层合板底部没有支撑作用,随着钻削深度的增加,材料刚度下降,匕首钻的横刃容易使 CFRP 的切削部分与未切削部分产生分离,分层损伤会使结构不完整,从而导致在装配预制孔的过程中出现较大的误差,降低结构的性能。毛刺的形成原因主要是在没有支撑作用时匕首钻的第一切削刃和第二切削刃不够锋利,使得离孔较近的纤维无法切断。产生撕裂损伤现象的原因是在刀具的高速转动作用下未切断纤维沿纤维方向存在拉拔作用。

　　由于匕首钻是一种集钻、扩孔功能于一体的 CFRP 专用钻头,实验结果和跨尺度有限元模型结果显示,仅对 CFRP 层合板钻削时,无论是否采用纵扭超声振动钻削,孔入口处的纤维撕裂主要由第二切削刃的扩孔作用引起的,断裂面都较为平整,且撕裂现象较不明显,产生的毛刺较小。但是,在出口处存在较明显的毛刺、撕裂、分层损伤现象,如图 6.18 所示。由于本书采用的跨尺度模型是基于尺度较小的宏观单元建立的,其材料去除、分层现象的模拟通过单元失效删除实现,在单元的尺度效应上仅能够模拟宏观层面产生的损伤现象,无法量化毛刺及撕裂等损伤,加上在本书 4.5 节的研究内容中已验证了跨尺度有限元模型在分层方面取得了较好的效果,因而本书仅针对传统钻削和纵扭振动辅助钻削的实验结果,对预制孔出口处出现的损伤现象进行量化分析,以验证纵扭耦合 RUAD 工艺对预制孔质量缺陷损伤的抑制效果。

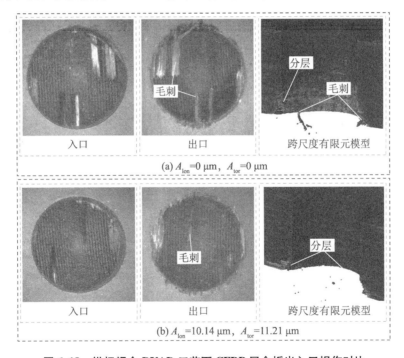

图 6.18　纵扭耦合 RUAD 工艺下 CFRP 层合板出入口损伤对比

　　为合理、高效地对 CFRP 在钻削过后出现的各种加工损伤评价基准进行量化,本书借鉴综合制孔损伤评价方法,并根据 CFRP 层合板的实际结构分别从毛刺、撕裂、分层缺陷三个方面合理地对传统钻削和纵扭钻削不同加工工艺中产生的出口损伤进行评价。

（1）毛刺损伤

首先忽略对装配质量影响较小的毛刺,一般主要指长度小于 0.2 mm 的小毛刺。对于长度大于 0.2 mm 的长毛刺,根据毛刺的宽度分别采用不同的评价标准,当毛刺的宽度小于 0.1 mm 时采用长度进行表征;当毛刺的宽度大于 0.1 mm 时则通过面积进行表征,如图 6.19(b) 所示。毛刺损伤对孔质量的影响程度可用毛刺损伤系数 D_b 表示,即

$$D_b = \alpha \frac{2\sum_{i=1}^{n} L_i}{d} + \beta \frac{4\sum_{j=1}^{m} A_j}{\pi d^2} \tag{6.6}$$

式中: $\sum_{i=1}^{n} L_i$ 代表孔周处没有切断的细毛刺的长度之和; $\sum_{j=1}^{m} A_j$ 代表宽毛刺的总面积之和; d 代表孔径; α 和 β 分别代表细毛刺和宽毛刺影响预制孔精度的权重因子,本书中 $\alpha = 0.2$, $\beta = 0.8$。

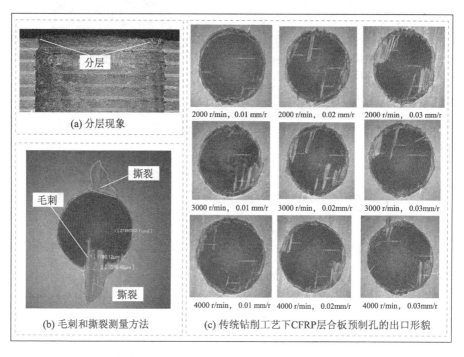

图 6.19　传统钻削工艺下 CFRP 层合板预制孔损伤(毛刺和撕裂)

（2）撕裂损伤

撕裂损伤主要是指具有一定宽度的损伤,通常采用面积参数进行表征。根据预制孔撕裂的长度不大于孔径的 3 倍、宽度小于 1.8 mm 的原则,如图

6.19(b)所示,本书将撕裂损伤系数 D_t 定义为

$$D_t = \frac{\sum_{k=1}^{l} A_k}{4.8d} \tag{6.7}$$

式中: $\sum_{k=1}^{l} A_k$ 代表每一小部分撕裂的面积之和,通常 $k = 2$。

（3）出口分层损伤

在对 CFRP 层合板钻削时出现的分层损伤一般仅存在出口侧面的几层材料之间,其内部的损伤需要采用超声扫描等观测设备进行观察,但出口处的分层会沿着匕首钻的进给方向往材料外部扩展,在损伤区域内有一部分隆起的高度,仅需采用超景深显微镜观测即可,如图 6.19(a)和图 6.20(a)所示。由于出口分层在沿刀具方向与整体材料之间仅有细微的分离,对其高度的测量误差太大,因而采用测量分层区域的面积作为评价指标,如图 6.20(b)所示,故将出口分层损伤系数 D_d 定义为

$$D_d = \frac{4A_d}{\pi d^2} - 1 \tag{6.8}$$

式中: A_d 代表分层区域的面积。

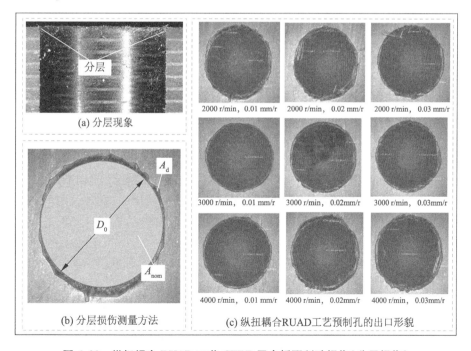

图 6.20　纵扭耦合 RUAD 工艺 CFRP 层合板预制孔损伤（分层损伤）

为实现对各种损伤的测量,首先利用超景显微镜拍下所有孔出口处的损伤照片,然后采用显微镜自带的软件,通过样条曲线勾画出每个孔的损伤区域,并保存为图片。将其导入 AutoCAD 软件,基于软件自带的工具采用等比例法分别统计并计算出各工艺参数和扭转振动辅助钻削参数下孔壁的毛刺长度及面积、撕裂面积、层间分层区域面积。最后,通过式(6.6)~式(6.8)分别计算出各种损伤系数,如图 6.21(a)~(c)所示。

　　由于以上均是对 CFRP 产生的单一损伤形式进行评价,仅能从单方面反映出钻削孔质量的好坏,其分析结果具有较大的偶然性和不规律性。考虑到各向损伤状态对整体钻削质量的影响程度不同,本书为表示每种损伤对整体钻削质量的影响权重,分别对各种损伤系数赋予其权重因子,综合钻削出现的毛刺、撕裂、分层三种损伤,故将综合损伤系数 D 定义为

$$D = w_1 \left(\alpha \frac{2 \sum_{i=1}^{n} L_i}{d} + \beta \frac{4 \sum_{j=1}^{m} A_j}{\pi d^2} \right) + w_2 \frac{\sum_{k=1}^{l} A_k}{4.8d} + w_3 \left(\frac{4A_d}{\pi d^2} - 1 \right) \quad (6.9)$$

式中:w_1,w_2,w_3 分别代表毛刺、撕裂、层间分层损伤对钻削孔质量的权重因子。

　　根据 WEN 等[155]采用钻削后刀具磨损量随钻削孔数量引起损伤程度对损伤系数的变化规律研究,本书中 w_1,w_2,w_3 的取值分别为 1,1.5,4。最后,根据各损伤权重系数的影响,分别表示出所有预制孔的综合损伤系数,如图 6.21(d)所示。

　　通过对图 6.19(c)和图 6.21 的分析可以看出,在采用传统工艺钻削 CFRP 层合板时,随着钻头进给量 S_f 的增大,预制孔周围出现的损伤缺陷越来越明显,但是随着钻头转速 S_r 的增大,孔周出口质量有一定幅度的提升,造成出现此类现象的主要原因是随着钻头进给量的增大,钻削轴向力增大,因而更容易出现分层现象,且由于下部没有支撑作用,因而无法快速切断纤维,以致出现较大的毛刺、撕裂损伤。但是,随着主轴转速的增大,在单位时间内的切削量减小,更有利于切断纤维,从而减少出口处出现的毛刺、撕裂、分层等损伤。

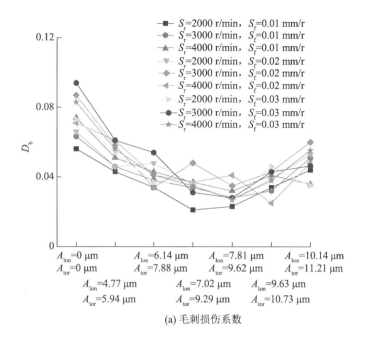

(a) 毛刺损伤系数

(b) 撕裂损伤系数

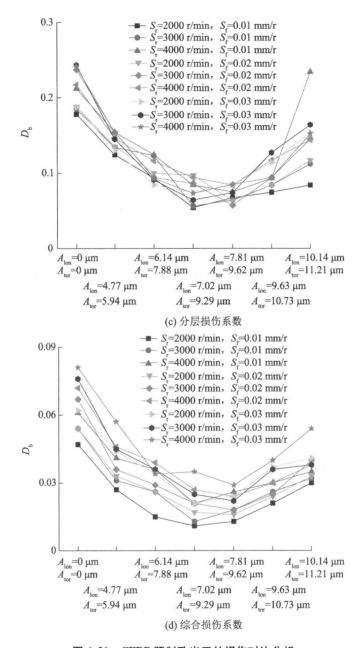

(c) 分层损伤系数

(d) 综合损伤系数

图 6.21   CFRP 预制孔出口处损伤对比分析

从图 6.20(c) 和图 6.21 可以看出,当采用纵扭耦合 RUAD 工艺时,钻削的预制孔的出口质量要高很多。根据对所有预制孔实验结果的统计分析,预制孔的出口质量也随着钻头进给量 S_f 的增大而提高,孔壁和孔周出现的损伤也同时增多。但是,当钻头主轴转速 S_r 增大时,预制孔出口质量的提高不明显,其主要原因可能是随着转速的增大,纵扭转动的运动轨迹更倾向于纵向振动,而扭转振动的作用不明显,此时切削刃上的瞬时速度和瞬时加速度均减小,导致进给量时大时小,其作用效果减弱。出现此类现象可根据式(6.4)和式(6.5)进行推测。

对比于传统钻削工艺,在高转速、低进给量下孔的出口处出现的毛刺、分层损伤较少,而在较低转速下则仅出现少量细毛刺损伤。其主要原因是纵扭耦合 RUAD 工艺是椭圆加工振动方式,促使匕首钻在切削刃上的加速度有一个周期性的变化,可以有效地提高材料的切除率。另外,由于有扭转振动的存在可以促使切屑从排屑槽中弹出,切屑带走大量的热量,减少了刀具侧面与切屑产生的摩擦热,如图 6.22 所示。

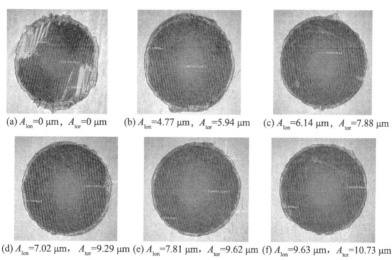

(a) $A_{lon}=0$ μm, $A_{tor}=0$ μm   (b) $A_{lon}=4.77$ μm, $A_{tor}=5.94$ μm   (c) $A_{lon}=6.14$ μm, $A_{tor}=7.88$ μm

(d) $A_{lon}=7.02$ μm, $A_{tor}=9.29$ μm (e) $A_{lon}=7.81$ μm, $A_{tor}=9.62$ μm (f) $A_{lon}=9.63$ μm, $A_{tor}=10.73$ μm

(g) $A_{lon}=10.14$ μm, $A_{tor}=11.21$ μm

图 6.22　不同振幅下 CFRP 层合板预制孔出口形貌

从图 6.21 和图 6.22 中可以发现,在采用不同纵扭振幅对 CFRP 层合板钻削时,在总体上都能够减少出口处的损伤,随着振幅的变化,其出现的损伤程度不一致。毛刺和撕裂损伤在不同加工工艺参数下,振幅在一定范围内损伤数值的波动较大,并无规律性变化,但是随着振幅的不断增大,毛刺、撕裂和分层的损伤系数均呈现出先减小后增大的趋势,且在高转速、低进给量下损伤系数的变化尤其明显。当纵扭振幅值约为 7 μm 时,其综合损伤评价系数在 $S_r = 2000$ r/min,$S_f = 0.01$ mm/r 时最小,其主要原因是纤维出现损伤的程度比基体出现损伤的程度高得多,因而当基体出现损伤破坏时,纤维并未达到出现损伤的条件,而当振幅不断增大时,则会促使毛刺更容易切断,有助于减少出口处的烧伤现象,加上切削刀具具有较大的瞬时加速度和周期性的振动,使得切削区域的应力波能量更加集中,在切削过程中能够在瞬间完成切削。与此同时,随着振幅的不断增大,匕首钻与 CFRP 层合板之间频繁分离的间隙增大,促使接触产生摩擦作用的时间缩短和摩擦系数减小,热量减少,出口处烧伤的现象减少。然而,根据 6.4.1 节的描述,随着纵扭振幅的不断增大,钻削产生的最大轴向力和平均轴向力均会增大,从而引起分层损伤越趋于严重,但是与传统钻削相比,其分层损伤现象要轻微得多,因而采用纵扭耦合 RUAD 工艺能够有效地对出口损伤进行抑制。

采用纵扭转振动钻削时纵扭的最优振幅出现在 7~9 μm 的主要原因可能与单丝纤维直径的影响较大有关。由于 CFRP 层合板是由包含单层纤维丝预浸料铺叠而成,当纵向振幅为 7 μm 时,正好与纤维直径接近,在高频振动的作用下正好能够完全切断纤维单丝界面,促使在加工中纤维仅受横向切削作用,此时仅需很小的切削力就能够使纤维断裂;而当振幅幅度小于或大于 7 μm 时,则会未完全切断纤维和过量切削纤维,促使纤维在去除时在纤维的纵向方向受到切削作用。由于纤维在纵向方向上有较强的韧性,因而容易产生拉拔、撕裂现象。但是在实际加工中由于有钻削负载作用的存在,纵扭振幅都存在一定程度的衰减,因而在当振幅大于 9 μm 时,CFRP 预制孔出口处的综合损伤系数出现了回升。本书所有的工艺实验中,采用 $S_r = 2000$ r/min,$S_f = 0.01$ mm/r,$A_{lon} = 7.02$ μm,$A_{tor} = 9.29$ μm 能够实现精密制孔。在此加工参数下,CFRP 层合板预制孔的出口毛刺、撕裂、分层损伤系数分别为 0.021,0.011,0.054。相比于传统钻削工艺,其损伤系数分别减小了 62.56%,76.6%,69.67%。综合损伤系数减小了 66.77%,从而验证了采用纵扭耦合 RUAD 工艺能够大幅度抑制 CFRP 层合板钻削预制孔的损伤。

综合以上对钻削轴向力与扭矩、孔壁表面质量、孔周出入口损伤的描述与结果的对比分析,当采用传统钻削工艺使用匕首钻对 T700S-12K/YP-H26 型 CFRP 层合板钻削预制孔时,随着钻头进给量 S_f 的不断增大,最大平均轴向力及扭矩、表面粗糙度、出口分层损伤系数均呈现出不断增大的趋势;随着

钻头转速 S_r 的增大,轴向力、扭矩、表面粗糙度均减小,但出口处的综合损伤系数仍呈现增大趋势。当采用纵扭耦合 RUAD 工艺时,在同一振幅下,在平均轴向力、扭矩、孔壁表面粗糙度、出口损伤系数的变化规律与传统钻削工艺的变化趋势一致,但其产生的最大轴向力会变大,轴向力的波峰-波谷振荡幅度也变大。随着振动幅值的增大,整体的轴向力、扭矩、表面粗糙度、出口损伤都呈现出先减小后增大的趋势,但预制孔质量均优于传统钻削工艺,且当纵扭振幅值在 7 μm 左右时,能够最大限度上提高孔壁表面质量和抑制孔出口处损伤。

在本书所有的钻削实验中,当钻头采用转速 S_r = 4000 r/min 和进给量 S_f = 0.01 mm/r 钻削工艺参数及 A_{lon} = 7.02 μm,A_{tor} = 9.29 μm 的纵扭振动辅助参数时,预制孔孔壁最小的表面粗糙度 $Ra \approx 0.88$ μm。当采用转速 S_r = 2000 r/min 和进给量 S_f = 0.01 mm/r 钻削工艺参数及纵扭耦合 RUAD 装置 A_{lon} = 7.02 μm,A_{tor} = 9.29 μm 的纵扭振动辅助参数时,能够最大限度地抑制孔的出口损伤。综合所有实验结果表明,采用匕首钻钻削 CFRP 层合板时,当钻头采用转速 $S_r \approx 3000$ r/min 和进给量 S_f = 0.01 mm/r 的钻削工艺参数及纵扭耦合 RUAD 装置 A_{lon} = 7.02 μm,A_{tor} = 9.29 μm 的纵扭振动幅值参数时,既能保证孔壁表面粗糙度精度较高,又能确保出口损伤较少,实现了高精密制孔。

6.4 本章小结

本章以第 4 章中匕首钻对 T700S-12K/YPH26 型 CFRP 进行传统钻削工艺的分析为基础,为进一步减小钻削后孔壁表面粗糙度,减少孔周出现的分层、撕裂等损伤缺陷,采用纵扭耦合 RUAD 工艺对 CFRP 层合板制孔工艺进行了实验分析,以改善预制孔质量。首先,对纵扭耦合 RUAD 工艺的损伤抑制机理进行了分析,搭建了基于纵扭耦合 RUAD 工艺的 CFRP 层合板钻削测试系统;然后,结合提出的新型 CFRP 跨尺度材料本构-渐进失效模型与 CEs 模拟复合材料层间损伤模型,建立了纵扭耦合 RUAD 工艺下对 CFRP 层合板钻削预制孔的跨尺度有限元分析模型,揭示了采用纵扭耦合 RUAD 工艺对孔壁、孔周出现损伤的抑制机理;最后,通过综合制孔损伤评价指标对纵扭耦合 RUAD 工艺与传统钻削制孔工艺下的预制孔质量差异进行了对比分析,研究了传统钻削工艺参数及纵扭耦合 RUAD 工艺参数对孔质量的影响规律,实现了 CFRP 层合板的高精密制孔。基于以上研究分析,本章的主要研究成果如下:

（1）建立的基于渐进失效跨尺度有限元模型可以真实地模拟在纵扭耦合 RUAD 工艺下 CFRP 的钻削过程，以及毛刺、撕裂等损伤，并揭示扭转超声振动辅助钻削损伤缺陷抑制机理，在轴向力和扭矩上均有较高的精度，最大的误差分别仅为 3.37% 和 7.69%。

（2）与传统制孔工艺相比，实验结果和有限元分析结果均表明，采用纵扭耦合 RUAD 工艺（分离断续脉冲式切削模式）能够有效地抑制 CFRP 层合板损伤缺陷的产生，采用超声振动辅助钻削最大能够减小约 30% 的钻削轴向力和约 40% 的扭矩，因而从溯源处解释抑制撕裂、分层等损伤缺陷的机理。

（3）采用纵扭耦合 RUAD 工艺能够大幅度地提高钻削后孔壁表面的质量和减少出口损伤。钻削后预制孔的孔壁表面粗糙度最小可达 $Ra \approx 0.88\ \mu m$，出口处的毛刺、撕裂、分层损伤系数最小分别为 0.021,0.011,0.054，相比于传统钻削工艺，其损伤系数分别减小了 62.56%,76.6%,69.67%。

（4）采用纵扭耦合 RUAD 工艺对 CFRP 钻削预制孔时，随着纵扭耦合振动幅值的增大，整体的轴向力、扭矩、表面粗糙度、出口损伤均呈现出先减小后增大的趋势，但制孔质量均优于传统钻削工艺，在去除钻削阻力和扭矩作用的前提下，纵扭振动幅值约为 $7\ \mu m$ 时能够最大限度地提高预制孔孔壁表面质量和抑制出口处损伤。

综合所有的实验与有限元分析结果表明：基于纵扭耦合 RUAD 工艺，采用匕首钻钻削 CFRP 层合板时，当钻头采用转速 $S_r \approx 3000\ r/min$ 和进给量 $S_f = 0.01\ mm/r$ 的钻削工艺参数及纵扭耦合 RUAD 装置 $A_{lon} = 7.02\ \mu m$，$A_{tor} = 9.29\ \mu m$ 的纵扭振动幅值参数时，既能保证孔壁的表面粗糙度精度较高，又能确保出口损伤较少，实现了高精密制孔。

第六章图

第 7 章

总结与展望

7.1 总结

　　航空航天产品中的 CFRP 结构件与其他航空结构件进行铆接、螺接等机械连接时,通常需要钻削高质量的预制孔,以满足在装配时高精度、长寿命的要求。因为 CFRP 是由高强度纤维和基体在高温高压下组成的多相结构,其力学性能由纤维和基体决定,并表观为非匀质性、各向异性、硬度高等特点,切削加工的难度较大,钻削预制孔加工时容易出现以层间分层、毛刺等为代表的损伤,从而降低机械连接质量,影响产品的服役性能。采用传统有限元数值分析方法对 CFRP 钻削过程进行模拟时,由于对 CFRP 结构件采用均质化建模方式,仿真模型存在建模精度与计算效率不能兼顾等问题,难以精确模拟出孔周出现的毛刺、层间分层等真实损伤状态,导致对 CFRP 钻削加工中涉及的加工参数、刀具结构等优化分析时不够精确,进而为满足结构件的高精度装配需求而提出的制孔工艺方案的可信度不高。

　　为解决以上问题,本书采用"弹性性能表征→损伤本构建模→数值模拟→实验验证→工程应用"的研究思路,对 CFRP 在钻削工况下的跨尺度数值模拟技术展开了研究。全书以 CFRP 结构的组成形式、纤维与基体的材料特性为出发点,结合跨尺度数值模拟方法、智能算法,从 CFRP 的弹性性能表征、动态渐进损伤本构建模、钻削数值模拟分析与评价和跨尺度钻削模型的应用等方面开展了深入研究,其主要研究内容和研究成果如下:

　　(1)提出了考虑纤维随机分布的 CFRP 跨尺度弹性性能表征方法,对 UD-CFRP 的宏观弹性性能进行了表征,并预测了具有不同铺层角度与铺层顺序的 MD-CFRP 弹性性能的变化趋势。对 UD-RVE 模型的全局网格尺寸的优化分析表明,当结构化 UD-RVE 模型的网格尺寸约为 0.7 μm 时,既能保证表征结果具有较高的精度,又具有高效的仿真效率;简化的 MD-RVE 模型可以很好地代替结构化 MD-RVE 模型实现对 MD-CFRP 宏观力学性能的表征,从而实现了变参数建模,减少了建模工作量,降低网格划分的难度,提高模型的计算效率;对双向铺层的 MD-CFRP 力学性能表征时,随着 UD-CFRP 铺层角度的不断增大,纵向弹性模量 E_1 与横向弹性模量 E_2/E_3 呈反比关系,层间剪切模量 G_{13}/G_{23} 的变化不大。但是面内剪切模量 G_{12} 随着偏轴角度的增大呈现出正态分布,当铺设角度大约在 35° 时达到最大值,随后则慢慢减小,当纤维偏轴角度达 180° 时与 UD-CFRP 相差不大;对多铺层数量、多铺层角度的 MD-CFRP 的力学性能表征时,在铺层角度、铺层数量一致的前提下,不同铺层顺序的 MD-CFRP 表观出的宏观力学性能是一致的。本书提出的 CFRP 跨尺度力学性能表征方法,对结构化 RVE 模型的分析结果能够细致地描述出纤维与基体的应力-应变分布情况,获取的宏观力学性能为下一步的跨尺度渐进损伤模型中涉及的宏-细观模型信息调用奠定了基础。

(2) 建立了基于微观力学失效理论的 CFRP 动态渐进损伤演化模型,并编制了 VUMAT 子程序用于模拟 CFRP 的层内和层间损伤失效缺陷。在 CFRP 的动态渐进损伤本构模型中,层合板结构的宏观应力与各组分结构微观应力通过 SAFs 进行桥联;在细观尺度下的 CFRP 渐进损伤本构模型中,采用 Tsai-Wu 失效准则对纤维损伤进行判定,且采用连续退化的方式实现纤维的损伤演化,并采用改进的冯·米塞斯屈服失效准则对基体在微观尺度下拉压载荷工况时产生的损伤进行预测,运用 Stassi 等效应力对其损伤演化进行定义;采用新型网格单元辅助删除准则可实现畸形网格的删除,能够有效预防在 ABAQUS 等有限元软件中,针对复杂程度较高的钻削过程模拟出严重畸变单元而导致在计算时模型出现不收敛的情况;提出了采用 CEs 区域单元模拟层间失效机理,并提出采用混合失效法则下的 CES 损伤本构模型能够更真实地模拟出 CFRP 层间分层现象的结论。

(3) 建立了匕首钻钻削 CFRP 跨尺度钻削模型,模拟了 CFRP 层合板在钻削时产生的动态力学响应及其渐进损伤现象,并从精度和效率角度对仿真模型进行了评价。基于宏-细观跨尺度建模的匕首钻钻削 CFRP 层合板有限元模型可以较真实地模拟出在不同工艺参数下的钻削加工过程及加工中出现的损伤现象,跨尺度有限元模型在轴向力、扭矩、出口分层损伤系数等孔质量评价指标上均有较高的精度,在本书所有的工艺参数中,其最大误差分别为 3.87%,7.69%,4.28%;采用跨尺度建模的钻削有限元模型能够更加真实地预测出钻削加工中产生的轴向力与扭矩、分层系数等关键参数,其预测精度比传统宏观本构损伤模型高,轴向力的预测与分层系数的误差均小于 3%,扭矩的预测误差均在 5% 左右;采用跨尺度建模的钻削有限元模型能够真实地模拟出预制孔入口处的撕裂损伤,孔壁处的凹坑、层间分层,以及出口处的毛刺、撕裂、分层等损伤现象,不足之处在于难以对毛刺、撕裂等损伤进行量化分析。但是,跨尺度钻削有限元模型在仿真精度提高的同时,由于涉及宏-细观模型的调用,模型的计算效率有所下降,在采用同一刀具、同等网格尺寸与网格精度下的 CFRP 模型、相同高性能工作站上需花费更多的时间以满足高精度模型的需求。

(4)提出了一种基于跨尺度模型-人工神经网络的轴向力预测方法,高效精准地预测了匕首钻钻削 CFRP 层合板时产生的轴向力。跨尺度钻削有限元模型采用全局网格尺寸约为 0.35 mm 的结构化网格模型时,既能够在轴向力的预测方面具有较高的预测精度,又具有较高的计算效率。但是,由于网格尺寸过大,并不能模拟出钻削时产生的毛刺、拉拔等损伤现象;在 CFRP 所有的材料参数中,沿着 Z 向的压缩强度 Z^C 和 YZ 平面的剪切强度 S_{YZ} 分别对钻削过程中产生的最大平均轴向力有显著的影响,其权重系数分别为 0.12884 和 0.10636,其他的特征参数对轴向力的影响较小;采用 16-18-18-18-16-1 结构的 BP-ANN 模型是用于预测最大平均轴向力的最优结构模型,与实验结果相比,最大绝对误差仅为 4.56%,最小误差与预测结果并无差异,仅为 0.04%。在对特殊钻削工艺参数下的预测时,其误差与实验值相比也接近 5%。

(5)深入分析了在纵扭耦合 RUAD 工艺下对 CFRP 层合板钻削预制孔的损伤抑制机理,实现了高精密制孔;对纵扭耦合 RUAD 工艺的损伤抑制机理进行了分析,并搭建了基于纵扭耦合 RUAD 工艺的 CFRP 层合板钻削测试系统;结合提出的新型 CFRP 跨尺度材料本构-渐进失效模型与 CEs 模拟复合材料层间损伤模型,建立了纵扭耦合 RUAD 工艺下对 CFRP 钻削预制孔的跨尺度有限元分析模型,揭示了采用纵扭耦合 RUAD 工艺对孔壁、孔周出现损伤的抑制机理;通过综合制孔损伤评价指标对纵扭耦合 RUAD 工艺与传统钻削制孔工艺下的预制孔质量差异进行了对比分析,探究了传统钻削工艺参数及纵扭耦合 RUAD 工艺参数对孔质量的影响规律,实现了 CFRP 层合板的高精密制孔。

7.2 主要创新点

本书主要有以下几个创新点：

（1）提出了考虑纤维随机分布的 CFRP 弹性性能表征方法。该表征方法考虑了纤维在 CFRP 实际结构中的排列形式，更准确地预测了各项弹性性能参数，尤其是横向弹性模量的预测。建立的 Python 脚本程序可用于类似的结构或更复杂结构的复合材料（如玻璃纤维、三维编制结构）弹性性能的表征。基于纤维随机化的渐进均质化理论模型，采用的简化 RVE 模型有助于降低建模和网格划分的难度，缩短有限元计算时间，提升计算效率。只要将复杂结构的复合材料简化为最简结构的 RVE 模型，就能快速且精准地表征对应材料的弹性性能。

（2）建立了基于微观力学失效理论的 CFRP 动态渐进损伤演化模型。该损伤演化模型实现了 CFRP 在动态载荷工况下的宏-细观模型中关键信息的共享，在模拟过程中可实现细观模型的实时调用计算，该模型能够直接用于钻削、碰撞等动态工况下的跨尺度分析。采用此类损伤演化模型涉及的建模原理可应用于更广阔的领域。例如，该模型可对汽车碰撞、复合材料电子产品跌落、鸟撞飞机、子弹射击飞机蒙皮等工况进行模拟分析。

（3）建立了具有较高仿真精度的 CFRP 跨尺度钻削数值分析模型。该钻削模型的仿真结果可直接应用于钻削轴向力、预制孔孔周与层间损伤的预测，其建模方式可以衍生用于其他切削工艺的模拟，例如，铣削、车削、超声振动辅助工艺钻削等加工模拟。同时，通过修改 CFRP 模型的材料属性、铺层结构等参数，可实现同类型或更复杂结构的 CFRP 层合板钻削过程的模拟分析，例如，玻璃纤维、C/C 纤维的 CFRP 等钻削模拟。

（4）提出了基于跨尺度模型-神经网络的钻削轴向力预测方法。该方法能够快速且精确地预测针对 CFRP 层合板钻削中产生的最大平均轴向力，可以将训练完成的 BP-ANN 模型直接运用于同类型 CFRP 钻削预制孔中轴向力的预测。与传统的 ANN 模型相比，该 BP-ANN 模型考虑了 CFRP 的材料力学性能，并能预测所有输入参数的初始权重系数对钻削力的影响，能够较大幅度地提高学习效率，减少在训练时出现的过拟合现象。与跨尺度有限元模型相比，该方法不需要耗费大量的操作与计算时间来获取预测的轴向力，训练完成后得到的 BP-ANN 模型可以根据 CFRP 材料参数、工艺参数的变化实现轴向力的快速预测。当确定 CFRP 的临界轴向力时，合理选择钻削工艺参数，可减少钻削损伤的出现。

（5）分析了在纵扭耦合 RUAD 工艺下 CFRP 层合板钻削预制孔的损伤抑制机理，实现了高精密制孔。该损伤机理的揭示可应用于同类型切削加工的微观损伤机理的分析，同时建立了纵扭耦合 RUAD 工艺下对 CFRP 层合板钻削预制孔的跨尺度有限元分析模型，可应用于其他切削加工，获得的最优工艺参数及其规律可直接应用于同类型的复合材料，实现了 CFRP 层合板的高精密制孔。

7.3 展望

本书在对 CFRP 跨尺度建模下的弹性性能表征、钻削预制孔数值模拟分析等一系列研究中，涉及工艺调控、复合材料的微观力学、宏观材料力学切削机理、断裂损伤力学分析、工艺分析等多方面，研究的内容既息息相关而又有相对独立的核心内容，且各关键的研究内容涉及不同领域、学科的方法与知识，特别是由于 CFRP 层合板具有非匀质性、各向异性、硬度高、难加工等特点，在力学损伤机理处理、理论方法应用方面都存在较大难度。本书虽然对 CFRP 跨尺度数值模拟技术中涉及的材料组分结构力学性能表征，以及实现精密制孔数值模拟等一系列研究内容均提出了关键的研究方法，并取得了一定的突破，但在研究时进行了一些必要的假设与模型的简化。因此，对完整的面向 CFRP 钻削的跨尺度数值模拟及其应用方面的研究，需要进行深入探索。

本书的研究工作还有以下几个方面需要改进或进一步研究：

（1）对 RVE 模型的宏-细观建模分析时，须建立单丝纤维和基体的界面层，且在跨尺度模型的渐进失效分析中要考虑单丝纤维和界面的层内失效行为，纤维-基体的材料失效方式上需要考虑除了本书中的拉伸、压缩失效模式外的多种失效方式，如剪切失效。同时，对 RVE 模型的分析也需进行改进，应在失效模拟中添加相应的细观层面 CEs 失效准则，并添加纤维和基体多种失效方式。另外，本书开发的 VUMAT 程序在数据提取与调用方法上若实现自动计算调用与求解，则在渐进损伤演化模型中涉及损伤的参数需进一步与实际材料匹配，需对程序自身结构进行优化以提高模型的计算效率。

（2）针对 CFRP 钻削跨尺度有限元模型和实验获取的钻削轴向力和扭矩的波动参数需进一步细化处理，CFRP 的材料属性等参数上需与实际材料更加匹配，且 CFRP 模型结构需进一步复杂化，并与实际结构更贴近。另外，需要考虑实验中存在机床误差、仪器误差等因素对跨尺度模型分析结果的影响。

（3）搭建的 BP-ANN 模型在最初设计的网络层数、误差和训练次数等均需采纳更为合理的网络模型结构,今后的研究中可以尝试结构更复杂的训练模型,使预测更精确。

（4）纵向和扭转振动电压–振幅关系的匹配性还须验证,对于钻削工艺参数的优化工作需要进一步细化,今后的研究中可以采用更小的工艺参数变化,实现 CFRP 与工艺参数匹配的一致性,进而获得更精密的制孔。

参考文献

［1］ 杜善义. 复合材料与战略性新兴产业［J］. 科技导报，2013，31(7):3.

［2］ SOUTIS C. Fibre reinforced composites in aircraft construction［J］. Progress in Aerospace Sciences，2005，41(2): 143-151.

［3］ 王启利. 碳纤维复合材料在飞机中的应用［J］. 科技展望，2016，26 (34):111.

［4］ 康仁科，杨国林，董志刚，等. 飞机装配中的先进制孔技术与装备［J］. 航空制造技术，2016，59(10):16-24.

［5］ DANDEKAR C R，SHIN Y C. Modeling of machining of composite materials: a review［J］. International Journal of Machine Tools & Manufacture，2012,57:102-121.

［6］ GENG D，LIU Y，SHAO Z，et al. Delamination formation，evaluation and suppression during drilling of composite laminates: a review［J］. Composite Structures，2019，216: 168-186.

［7］ 欧阳，高航，明慧，等. 制孔损伤对碳纤维复合材料拉伸性能影响的试验研究［C］//李仲平. 第十八届全国复合材料学术会议论文集. 北京:电子工业出版社，2014.

［8］ 葛恩德，唐文亮，陈磊，等. CFRP 钻削有限元仿真研究现状与展望［J］. 机械制造与自动化，2019，48(5):80-84.

［9］ WANG G D，MELLY S K. Three-dimensional finite element modeling of drilling CFRP composites using Abaqus/CAE: a review［J］. International Journal of Advanced Manufacturing Technology，2018，94(1-4):599-614.

［10］ LIU D F，TANG Y J，CONG W L. A review of mechanical drilling for composite laminates［J］. Composite Structures，2012，94(4):1265-1279.

［11］ PHADNIS V A，ROY A，SILBERSCHMIDT V V. Finite element analysis of drilling in carbon fiber reinforced polymer composites［J］. Journal of Physics: Conference Series，2012，382:012014-1-012014-7.

[12] CHENG H, GAO J, KAFKA O L, et al. A micro-scale cutting model for UD-CFRP composites with thermo-mechanical coupling[J]. Composites Science & Technology, 2017,153:18-31.

[13] RENTSCH R, PECAT O, BRINKSMEIER E. Macro and micro process modeling of the cutting of carbon fiber reinforced plastics using FEM[J]. Procedia Engineering, 2011,10:1823-1828.

[14] TURKI Y, HABAK M, VELASCO R, et al. Highlighting cutting mechanisms encountered in carbon/epoxy composite drilling using orthogonal cutting[J]. The International Journal of Advanced Manufacturing Technology, 2017,92(1):685-697.

[15] SHIARI B, MILLER R E, KLUG D D. Multiscale simulation of material removal processes at the nanoscale[J]. Journal of the Mechanics and Physics of Solids, 2007, 55(11):2384-2405.

[16] SUN X Z, CHENG K. Multi-scale simulation of the nano-metric cutting process[J]. The International Journal of Advanced Manufacturing Technology, 2010, 47(9-12): 891-901.

[17] 杨强, 解维华, 孟松鹤,等. 复合材料多尺度分析方法与典型元件拉伸损伤模拟[J]. 复合材料学报, 2015, 32(3):617-624.

[18] 李星, 关志东, 刘璐,等. 复合材料跨尺度失效准则及其损伤演化[J]. 复合材料学报, 2013, 30(2):152-158.

[19] IVANČEVIĆ D, SMOJVER I. Explicit multiscale modelling of impact damage on laminated composites-Part I: Validation of the micromechanical model[J]. Composite Structures, 2016, 145:248-258.

[20] 陈滨琦. 基于多尺度方法的复合材料层合板结构失效机理研究[D].南京:南京航空航天大学,2016.

[21] 陈玉丽, 马勇, 潘飞,等. 多尺度复合材料力学研究进展[J].固体力学学报, 2018, 39(1):1-68.

[22] 郑晓霞, 郑锡涛, 缑林虎. 多尺度方法在复合材料力学分析中的研究进展[J].力学进展, 2010, 40(1):41-56.

[23] COX B, YANG Q. In quest of virtual tests for structural composites[J]. Science, 2006, 314(5802): 1102-1107.

[24] YAO Y Y, WANG X, DOU R S. Mechanical properties prediction of interlayer enhanced laminated carbon fiber composite materials containing inclu-

sions[J]. Key Engineering Materials, 2017, 730:541-547.

[25] STAMOPOULOS A G, TSERPES K I, PANTELAKIS S G. Multiscale finite element prediction of shear and flexural properties of porous CFRP laminates utilizing X-ray CT data [J]. Theoretical & Applied Fracture Mechanics, 2018, 97:303-313.

[26] POUTET J, MANZONI D, HAGE-CHEHADE F, et al. The effective mechanical properties of reconstructed porous media[J]. 1996, 33(4):409-415.

[27] DIXIT A, MALI H S. Modeling techniques for predicting the mechanical properties of woven-fabric textile composites: A Review [J]. Mechanics of Composite Materials, 2013, 49(1):1-20.

[28] KRETSIS G, JOHNSON A F. 8.2 conceptual design of composite structures [M]//BEAUMONT P W R,ZWEBEN C H. Comprehensive Composite Materials II. Amsterdam:Elsevier,2018:26-46.

[29] BROWN H C, LEE H J, CHAMIS C C. Fiber shape effects on metal matrix composite behavior [C/OL]. International SAMPE Symposium and Exhibition, 37th, Anaheim, CA, Mar. 9-12,1992[2021-10-15]. https://ntrs. nasa. gov/api/citations/19930017515/downloads/19930017515. pdf.

[30] THEOCARIS P S, STAVROULAKIS G E, PANAGIOTOPOULOS P D. Calculation of effective transverse elastic moduli of fiber-reinforced composites by numerical homogenization [J]. Composites Science and Technology, 1997, 57(5):573-586.

[31] GUSEV A A, HINE P J, WARD I M. Fiber packing and elastic properties of a transversely random unidirectional glass/epoxy composite [J]. Composites Science and Technology, 2000, 60(4):535-541.

[32] 吕毅, 吕国志, 吕胜利. 细观力学方法预测单向复合材料的宏观弹性模量[J]. 西北工业大学学报, 2006, 24(6):787-790.

[33] TANG Z W, ZHANG B M. Prediction of biaxial failure envelopes for composite laminates based on generalized method of cells[J]. Composites Part B: Engineering, 2012, 43(3):914-925.

[34] 谢桂兰, 赵锦枭, 曹尉南. 基于多尺度模型的复合材料层合板性能预测[J]. 材料导报, 2014, 28(6):149-153.

[35] 李望南, 蔡洪能, 郑杰. 基于宏微观分析的碳纤维增强高分子复合材料

强度性能表征[J]. 复合材料学报，2013, 30(1):244-251.

[36] 李望南，蔡洪能，李超，等. 基于微观力学的复合材料单钉螺栓连接结构拉伸行为预测[J]. 复合材料学报，2013,30(S1):240-246.

[37] 李望南，卢少娟，蔡洪能，等. 碳纤维增强树脂基复合材料组分疲劳强度表征[J]. 复合材料学报，2018, 35(2):356-363.

[38] SUN H Y,DI S L,ZHANG N,et al. Micromechanics of braided composites via multivariable FEM[J]. Computers & Structures,2003,81(20):2021-2027.

[39] DONADON M V, FALZON B G, IANNUCCI L, et al. A 3-D micromechanical model for predicting the elastic behaviour of woven laminates[J]. Composites Science and Technology, 2007, 67(11-12):2467-2477.

[40] 梁仕飞，矫桂琼，王波. 三维机织 C/C-SiC 复合材料弹性性能预测[J]. 复合材料学报，2011, 28(1):138-142.

[41] LI J C, CHEN L, ZHANG Y F, et al. Microstructure and finite element analysis of 3D five-directional braided composites[J]. Journal of Reinforced Plastics and Composites, 2012, 31(2):107-115.

[42] YANG X R, GAO X P, MA Y Y. Numerical simulation of tensile behavior of 3D orthogonal woven composites[J]. Fibers and Polymers, 2018, 19(3):641-647.

[43] CHAKLADAR N D, PAL S K, MANDAL P. Drilling of woven glass fiber-reinforced plastic-an experimental and finite element study[J]. The International Journal of Advanced Manufacturing Technology, 2012, 58(1):267-278.

[44] ISBILIR O, GHASSEMIEH E. Finite element analysis of drilling of carbon fibre reinforced composites[J]. Applied Composite Materials, 2012, 19(3-4):637-656.

[45] ISBILIR O, GHASSEMIEH E. Numerical investigation of the effects of drill geometry on drilling induced delamination of carbon fiber reinforced composites[J]. Composite Structures, 2013, 105:126-133.

[46] PHADNIS V A, ROY A, SILBERSCHMIDT V V. A finite element model of ultrasonically assisted drilling in carbon/epoxy composites[J]. Procedia CIRP, 2013, 8:141-146.

[47] FEITO N, LÓPEZ-PUENTE J, SANTIUSTE C, et al. Numerical prediction of delamination in CFRP drilling[J]. Composite Structures, 2014, 108:

677-683.

[48] USUI S, WADELL J, MARUSICH T. Finite element modeling of carbon fiber composite orthogonal cutting and drilling[J]. Procedia CIRP, 2014, 14:211-216.

[49] 樊芊, 张谦. CFRP/Al 制孔分层临界轴向力研究[J]. 航空精密制造技术, 2015,51(3):20-25.

[50] 金晓波, 康万军, 曹军,等. 碳纤维复合材料/钛合金叠层板钻孔有限元仿真研究[J]. 工具技术, 2015, 49(1):24-28.

[51] 安立宝, 张迎信.碳纤维复合材料钻削仿真及轴向力预测[J].机械科学与技术, 2018, 37(10):1551-1558.

[52] AROLA D, RAMULU M. Orthogonal cutting of fiber-reinforced composites: a finite element analysis[J]. International Journal of Mechanical Sciences, 1997, 39(5):597-613.

[53] AROLA D, SULTAN M B, Ramulu M. Finite element modeling of edge trimming fiber reinforced plastics[J]. Journal of Manufacturing Science and Engineering, 2002, 124(1):32-41.

[54] STRENKOWSKI J S, HSIEH C C,SHIH A J. An analytical finite element technique for predicting thrust force and torque in drilling[J]. International Journal of Machine Tools and Manufacture, 2004, 44(12-13):1413-1421.

[55] ZITOUNE R, COLLOMBET F. Numerical prediction of the thrust force responsible of delamination during the drilling of the long-fibre composite structures[J]. Composites Part A: Applied Science and Manufacturing, 2007,38(3):858-866.

[56] RAO G V G, MAHAJAN P, BHATNAGAR N. Micro-mechanical modeling of machining of FRP composites:cutting force analysis[J]. Composites Science and Technology, 2007,67(3-4): 579-593.

[57] RAO G V G, MAHAJAN P, BHATNAGAR N. Machining of UD-GFRP composites chip formation mechanism[J]. Composites Science and Technology, 2007,67(11-12):2271-2281.

[58] RAO G V G, MAHAJAN P, BHATNAGAR N. Three-dimensional macro-mechanical finite element model for machining of unidirectional-fiber reinforced polymer composites [J]. Materials Science and Engineering: A, 2008, 498(1-2): 142-149.

[59] SANTIUSTE C, OLMEDO A, SOLDANI X, et al. Delamination prediction in orthogonal machining of carbon long fiber-reinforced polymer composites[J]. Journal of Reinforced Plastics and Composites,2012,31(13):875-885.

[60] GAO C, XIAO J, XU J, et al. Factor analysis of machining parameters of fiber-reinforced polymer composites based on finite element simulation with experimental investigation[J]. The International Journal of Advanced Manufacturing Technology, 2016, 83(5-8):1113-1125.

[61] ABENA A, SOO S L, ESSA K. A finite element simulation for orthogonal cutting of UD-CFRP incorporating a novel fibre-matrix interface model[J]. Procedia CIRP,2015, 31: 539-544.

[62] ABENA A, SOO S L, ESSA K. Modelling the orthogonal cutting of UD-CFRP composites: development of a novel cohesive zone model[J]. Composite Structures, 2017, 168:65-83.

[63] 秦旭达, 李永行, 王斌,等. CFRP 纤维方向对切削过程影响规律的仿真研究[J]. 机械科学与技术, 2016, 35(3):472-476.

[64] 高汉卿, 贾振元, 王福吉, 等. 基于细观仿真建模的 CFRP 细观破坏[J]. 复合材料学报, 2016, 33(4): 758-767.

[65] 齐振超, 刘书暖, 程晖, 等. 基于三维多相有限元的 CFRP 细观切削机理研究[J]. 机械工程学报, 2016, 52(15):170-176.

[66] 张洪武, 余志兵, 王鲲鹏. 复合材料弹塑性多尺度分析模型与算法[J]. 固体力学学报, 2007, 28(1):7-12.

[67] KANOUTÉ P, BOSO D P, CHABOCHE J L, et al. Multiscale methods for composites: a review[J]. Archives of Computational Methods in Engineering, 2009, 16(1):31-75.

[68] 刘晓奇. 多孔复合材料周期结构的多尺度模型与高精度算法[D]. 长沙:湖南师范大学,2006.

[69] YU X G, CUI J Z. The prediction on mechanical properties of 4-step braided composites via two-scale method[J]. Composites Science and Technology, 2007, 67(3-4):471-480.

[70] SOUZA F V, ALLEN D H, KIM Y R. Multiscale model for predicting damage evolution in composites due to impact loading[J]. Composites Science and Technology, 2008, 68(13):2624-2634.

[71] 宇鹏飞, 蔡洪能, 焦菲, 等. 基于微观力学失效理论的 CFRP 多向层合

板低速冲击行为预测[J]. 复合材料学报, 2016, 33(6):1153-1160.

[72] MASSARWA E, ABOUDI J, HAJ-ALI R, et al. A multiscale progressive damage analysis for laminated composite structures using the parametric HF-GMC micromechanics[J]. Composite Structures, 2018, 188:159-172.

[73] LIAO B B, TAN H C, ZHOU J W, et al. Multi-scale modelling of dynamic progressive failure in composite laminates subjected to low velocity impact [J]. Thin-Walled Structures, 2018, 131:695-707.

[74] XU Z W, CHEN Y, CANTWELL W, et al. Multiscale modelling of scaling effects in the impact response of plain woven composites[J]. Composites Part B: Engineering, 2020, 188:107885.

[75] 屈鹏, 关小军, 贾玉玺. 复合材料层合板准静压损伤的数值模拟[J]. 复合材料学报, 2013,30(1):252-256.

[76] ZHANG D Y, WAAS A M. A micromechanics based multiscale model for nonlinear composites[J]. Acta Mechanica, 2014, 225(4):1391-1417.

[77] 黄达. 复合材料多尺度渐进损伤失效及断裂破坏分析[D].北京:北京化工大学, 2014.

[78] LI X, GUAN Z D, LI Z S,et al. A new stress-based multi-scale failure criterion of composites and its validation in open hole tension tests[J]. 中国航空学报(英文版), 2014,27(6):1430-1441.

[79] ARMAREGO E J A, CHENG C Y. Drilling with flat rake face and conventional twist drill-I. Theoretical investigation [J]. International Journal of Machine Tool Design and Research, 1972, 12(1):17-35.

[80] WATSON A R. Drilling model for cutting lip and chisel edge and comparison of experimental and predicted results. II—revised cutting lip model[J]. International Journal of Machine Tool Design and Research, 1985,25(4):367-376.

[81] WATSON A R. Drilling model for cutting lip and chisel edge and comparison of experimental and predicted results. III—drilling model for chisel edge [J]. International Journal of Machine Tool Design and Research, 1985, 25 (4):377-392.

[82] WATSON A R. Drilling model for cutting lip and chisel edge and comparison of experimental and predicted results. IV—drilling tests to determine chisel edge contribution to torque and thrust[J]. International Journal of

Machine Tool Design & Research, 1985, 25(4):393-404.

[83] LANGELLA A, NELE L, MAIO A. A torque and thrust prediction model for drilling of composite materials[J]. Composites Part A: Applied Science and Manufacturing, 2005, 36(1):83-93.

[84] TSAO C C. Effect of pilot hole on thrust force by saw drill[J]. International Journal of Machine Tools and Manufacture,2007,47(14):2172-2176.

[85] SU F, WANG Z H, YUAN J T, et al. Study of thrust forces and delamination in drilling carbon-reinforced plastics (CFRPs) using a tapered drill-reamer[J]. The International Journal of Advanced Manufacturing Technology,2015,80(5):1457-1469.

[86] ZARIF KARIMI N, HEIDARY H, MINAK G. Critical thrust and feed prediction models in drilling of composite laminates[J]. Composite Structures, 2016,148:19-26.

[87] 胡坚,田威,廖文和,等. 麻花钻钻削碳纤维复合材料/铝合金叠层材料的轴向力研究[J]. 航空精密制造技术,2016,52(1):30-33,38.

[88] PATRA K, JHA A K, SZALAY T, et al. Artificial neural network based tool condition monitoring in micro mechanical peck drilling using thrust force signals[J]. Precision Engineering, 2017, 48:279-291.

[89] AKIN S, KARPUZ C. Estimating drilling parameters for diamond bit drilling operations using artificial neural networks[J]. International Journal of Geomechanics, 2008, 8(1):68-73.

[90] MISHRA R, MALIK J, SINGH I. Prediction of drilling-induced damage in unidirectional glass-fibre-reinforced plastic laminates using an artificial neural network[J]. Proceedings of the Institution of Mechanical Engineers, Part B: Journal of Engineering Manufacture,2010,224(5):733-738.

[91] KAHRAMAN S. Estimating the penetration rate in diamond drilling in laboratory works using the regression and artificial neural network analysis[J]. Neural Processing Letters,2016,43(2):523-535.

[92] LOTFI M, AMINI S. Experimental and numerical study of ultrasonically-assisted drilling[J]. Ultrasonics, 2017,75:185-193.

[93] AZARHOUSHANG B, AKBARI J. Ultrasonic-assisted drilling of inconel 738-LC [J]. International Journal of Machine Tools and Manufacture, 2007,47(7-8):1027-1033.

[94] KIM G D, LOH B G. Direct machining of micro patterns on nickel alloy and mold steel by vibration assisted cutting[J]. International Journal of Precision Engineering and Manufacturing, 2011, 12(4):583-588.

[95] WANG J J, ZHANG J F, FENG P F,et al. Feasibility study of longitudinal-torsional-coupled rotary ultrasonic machining of brittle material[J]. Journal of Manufacturing Science and Engineering,2018,140(5),051008-1-051008-11.

[96] WANG J J, ZHANG J F, FENG P F, et al. Damage formation and suppression in rotary ultrasonic machining of hard and brittle materials: A critical review[J]. Ceramics International, 2018,44(2):1227-1239.

[97] MAKHDUM F, PHADNIS V A, ROY A, et al. Effect of ultrasonically-assisted drilling on carbon-fibre-reinforced plastics[J]. Journal of Sound and Vibration, 2014, 333(23):5939-5952.

[98] GENG D X, TENG Y D, LIU Y H, et al. Experimental study on drilling load and hole quality during rotary ultrasonic helical machining of small-diameter CFRP holes [J]. Journal of Materials Processing Technology, 2019, 270:195-205.

[99] PHADNIS V A, MAKHDUM F, ROY A, et al. Experimental and numerical investigations in conventional and ultrasonically assisted drilling of CFRP laminate[J]. Procedia CIRP, 2012,1:455-459.

[100] LIU J, ZHANG D Y, QIN L G, et al. Feasibility study of the rotary ultrasonic elliptical machining of carbon fiber reinforced plastics (CFRP)[J]. International Journal of Machine Tools and Manufacture, 2012, 53(1):141-150.

[101] SADEK A, ATTIA M H, MESHREKI M, et al. Characterization and optimization of vibration-assisted drilling of fibre reinforced epoxy laminates [J]. CIRP Annals, 2013, 62(1):91-94.

[102] WANG J J, FENG P F, ZHANG J F, et al. Reducing cutting force in rotary ultrasonic drilling of ceramic matrix composites with longitudinal-torsional coupled vibration[J]. Manufacturing Letters, 2018, 18:1-5.

[103] LI Z, ZHANG D Y, QIN W, et al. Feasibility study on the rotary ultrasonic elliptical machining for countersinking of carbon fiber-reinforced plastics [J]. Proceedings of the Institution of Mechanical Engineers, Part B:

Journal of Engineering Manufacture, 2017,231(13):2347-2358.

[104] AL-BUDAIRI H, LUCAS M, HARKNESS P. A design approach for longi-tudinal-torsional ultrasonic transducers[J]. Sensors and Actuators A: Physical, 2013, 198:99-106.

[105] 王人杰. 纤维增强复合材料横向弹性常数[J]. 复合材料学报, 1996, 13(2):98-104.

[106] GUO M, ZHANG T H, CHEN B W, et al. Tensile strength analysis of palm leaf sheath fiber with Weibull distribution[J]. Composites Part A: Applied Science and Manufacturing, 2014, 62(17):45-51.

[107] ZANGENBERG J, BRφNDSTED P. Determination of the minimum size of a statistical representative volume element from a fibre-reinforced composite based on point pattern statistics[J]. Scripta Materialia, 2013, 68(7): 503-505.

[108] BARBERO J E. Finite element analysis of composite materials with abaqus [M]. Boca Raton:CRC Press,2013.

[109] 曾理然, 湛利华. YPH-23 环氧树脂/预浸料的等温固化动力学研究 [J]. 化工新型材料, 2016(44):195.

[110] 陈丽, 刘小兰, 霍冀川,等. 两种 T700 碳纤维的微观结构与性能研究 [J]. 高分子通报, 2015(5):69-75.

[111] MA X Q, LI Y X, GU Y Z, et al. Numerical simulation of prepreg resin impregnation effect in vacuum-assisted resin infusion/prepreg co-curing process[J]. Journal of Reinforced Plastics and Composites, 2014, 33 (24):2265-2273.

[112] SUQUET P M. Elements of homogenization for inelastic solid mechanics [M]. Berlin: Springer, 1987.

[113] KIM I C. Homogenization and error estimates of free boundary velocities in periodic media[J]. Applicable Analysis, 2012, 91(6):1177-1187.

[114] XIA Z H,ZHOU C W,YONG Q L,et al. On selection of repeated unit cell model and application of unified periodic boundary conditions in micro-me-chanical analysis of composites[J]. International Journal of Solids and Structures, 2006, 43(2):266-278.

[115] XIA Z H, ZHANG Y F, ELLYIN F. A unified periodical boundary condi-tions for representative volume elements of composites and applications[J].

International Journal of Solids and Structures, 2003, 40(8):1907-1921.

[116] WANG F, LIU J Y, LIU Y, et al. Research on the fiber lay-up orientation detection of unidirectional CFRP laminates composite using thermal-wave radar imaging[J]. NDT & E International, 2016, 84:54-66.

[117] LI S, ZHOU C, YU H, et al. Formulation of a unit cell of a reduced size for plain weave textile composites[J]. Computational Materials Science, 2011, 50(5):1770-1780.

[118] 张超, 许希武, 严雪. 纺织复合材料细观力学分析的一般性周期性边界条件及其有限元实现[J]. 航空学报, 2013, 34(7):1636-1645

[119] NASUTION M R E, WATANABE N, KONDO A. Numerical study on thermal buckling of CFRP-Al honeycomb sandwich composites based on homogenization-localization analysis[J]. Composite Structures, 2015, 132:709-719.

[120] SUN C T, VAIDYA R S. Prediction of composite properties from a representative volume element[J]. Composites Science and Technology, 1996, 56(2):171-179.

[121] SHAHZAMANIAN M M, TADEPALLI T, RAJENDRAN A M, et al. Representative volume element based modeling of cementitious materials[J]. Journal of Engineering Materials and Technology, 2013, 136(1):011007-1-011007-16.

[122] MOGILEVSKAYA S G, KUSHCH V I, STOLARSKI H K, et al. Evaluation of the effective elastic moduli of tetragonal fiber-reinforced composites based on Maxwell's concept of equivalent inhomogeneity[J]. International Journal of Solids and Structures, 2013, 50(25-26):4161-4172.

[123] NARAYANA K J, GUPTA B R. A review of recent research on multifunctional composite materials and structures with their applications[J]. Materials Today:Proceedings, 2018, 5(2):5580-5590..

[124] 周冰洁. 基于碳纤维层合板的冲击损伤与行人头部保护性能研究[D]. 上海:东华大学, 2015.

[125] HA S K, JIN K K, HUANG Y C. Micro-mechanics of failure (MMF) for continuous fiber reinforced composites[J]. Journal of Composite Materials, 2008, 42(18): 1873-1895.

[126] SUN X S, TAN V B C, TAY T E. Micromechanics-based progressive failure

analysis of fibre-reinforced composites with non-iterative element-failure method[J]. Computers & Structures, 2011, 89(11-12):1103-1116.

[127] PAULO C P J, FLÁVIO L P B, FRANCISCO K A. Finite element procedure for stress amplification factor recovering in a representative volume of composite materials[J]. Journal of Aerospace Technology and Management, 2011,3(3):239-250.

[128] JIN K K, HUANG Y C, LEE Y H, et al. Distribution of micro stresses and interfacial tractions in unidirectional composites[J]. Journal of Composite Materials, 2008, 42(18):1825-1849.

[129] HUANG Y C, XU L, HA S K, Prediction of three-dimensional composite laminate response using micromechanics of failure[J]. Journal of Composite Materials, 2012, 46(19-20):2431-2442.

[130] DEJAK B, MLOTKOWSKI A, ROMANOWICZ M. Strength estimation of different designs of ceramic inlays and onlays in molars based on the Tsai-Wu failure criterion[J]. The Journal of Prosthetic Dentistry, 2007, 98(2):89-100.

[131] HUANG Y C, JIN C Z, HA S K. Strength prediction of triaxially loaded composites using a progressive damage model based on micromechanics of failure[J]. Journal of Composite Materials, 2013,47(6-7):777-792.

[132] HA S K, HUANG Y C, HAN H H, et al. Micromechanics of failure for ultimate strength predictions of composite laminates[J]. Journal of Composite Materials, 2010,44(20):2347-2361.

[133] FAGGIANI A, FALZON B G. Predicting low-velocity impact damage on a stiffened composite panel[J]. Composites Part A: Applied Science and Manufacturing, 2010,41(6):737-749.

[134] DONADON M V, IANNUCCI L, FALZON B G, et al. A progressive failure model for composite laminates subjected to low velocity impact damage [J]. Computers & Structures, 2008, 86(11-12):1232-1252.

[135] LAPCZYK I, HURTADO J A. Progressive damage modeling in fiber reinforced materials[J]. Composites Part A:Applied Science and Manufacturing,2007, 38(11):2333-2341.

[136] FAGGIANI A, FALZON B G. Predicting low-velocity impact damage on a stiffened composite panel[J]. Composites Part A: Applied Science and

Manufacturing, 2010, 41(6):737-749.

[137] SUN X S, TAN V B C, TAY T E. Micromechanics-based progressive failure analysis of fibre-reinforced composites with non-iterative element-failure method[J]. Computers & Structures, 2011, 89(11-12): 1103-1116.

[138] MUTHUSAMY P, SIVAKUMAR S M. A constituent-behavior-motivated model for damage in fiber reinforced composites[J]. Computational Materials Science, 2014, 94:163-172.

[139] TAN W, FALZON B G, CHIU L N S, et al. Predicting low velocity impact damage and compression-after-impact (CAI) behaviour of composite laminates[J]. Composites Part A: Applied Science and Manufacturing, 2015, 71:212-226.

[140] HYER M W, WAAS A M. Micromechanics of linear elastic continuous fiber composites[J]. Comprehensive Composite Materials, 2000, 1:345-375.

[141] WANG L, WANG B C, WEI S, et al. Prediction of long-term fatigue life of CFRP composite hydrogen storage vessel based on micromechanics of failure[J]. Composites Part B:Engineering, 2016, 97:274-281.

[142] LI W N, CAI H N, LI C. Static compressive strength prediction of open-hole structure based on non-linear shear behavior and micro-mechanics [J]. Mechanics of Time-Dependent Materials, 2014, 18(4):643-662.

[143] MOGILEVSKAYA S G, KUSHCH V I, STOLARSKI H K, et al. Evaluation of the effective elastic moduli of tetragonal fiber-reinforced composites based on Maxwell's concept of equivalent inhomogeneity[J]. International Journal of Solids and Structures, 2013, 50(25-26):4161-4172.

[144] 古兴瑾, 许希武. 纤维增强复合材料层板高速冲击损伤数值模拟[J]. 复合材料学报, 2012,29(1):150-161.

[145] DEMIRAL M, ROY A, SILBERSCHMIDT V V. Indentation studies in b.c.c. crystals with enhanced model of strain-gradient crystal plasticity [J]. Computational Materials Science, 2013, 79:896-902.

[146] CAMANHO P P. Numerical simulation of mixed-mode progressive delamination in composite materials[J]. Journal of Composite Materials, 2003, 37(16):1415-1438.

[147] TURON A, DÁVILA C G, CAMANHO P P, et al. An engineering solution for mesh size effects in the simulation of delamination using cohesive zone

models[J]. Engineering Fracture Mechanics, 2007, 74(10):1665-1682.

[148] LAZAR M B, XIROUCHAKIS P. Mechanical load distribution along the main cutting edges in drilling[J]. Journal of Materials Processing Technology, 2013, 213(2):245-260.

[149] AN Q L, CAI X J, XU J Y, et al. Experimental investigation on drilling of high strength T800S/250F CFRP with twist and dagger drill bits[J]. International Journal of Abrasive Technology, 2014, 6(3):183-196.

[150] WANG F J,QIAN B W,JIA Z Y,et al. Effects of cooling position on tool wear reduction of secondary cutting edge corner of one-shot drill bit in drilling CFRP[J]. The International Journal of Advanced Manufacturing Technology,2018,94(9):4277-4287.

[151] 贾利勇, 贾欲明, 于龙,等. 基于多尺度模型的复合材料厚板 G_{13} 剪切失效分析[J]. 复合材料学报, 2017, 34(4):558-566.

[152] GRÉGORY C, KLINKOVA O, RECH J, et al. Characterization of friction properties at the work material/cutting tool interface during the machining of randomly structured carbon fibers reinforced polymer with Poly Crystalline Diamond tool under dry conditions[J]. Tribology International, 2015, 81:300-308.

[153] KARNIK S R, GAITONDE V N, RUBIO J C, et al. Delamination analysis in high speed drilling of carbon fiber reinforced plastics (CFRP) using artificial neural network model[J]. Materials & Design, 2008, 29(9):1768-1776.

[154] FARAZ A, BIERMANN D, WEINERT K. Cutting edge rounding: an innovative tool wear criterion in drilling CFRP composite laminates[J]. International Journal of Machine Tools and Manufacture, 2009, 49(15):1185-1196.

[155] WEN Q, GAO H, ZHAO D, et al. Drilling C/E composites with electroplated diamond abrasive tool and its damage evaluation method[J]. Key Engineering Materials, 2011, 487:371-375.

[156] HASHIN Z, ROTEM A. A fatigue failure criterion for fiber reinforced materials[J]. Journal of Composite Materials, 1973,7:448-464.

[157] HASHIN Z. Fatigue failure criteria for unidirectional fiber composites[J]. Journal of Applied Mechanics, 1981,48:846-852.

［158］CHANG F K, CHANG K Y. A progressive damage model for laminated composites containing stress concentrations［J］. Journal of Composite Materials, 1987, 21(9):834-855.

［159］LIU P F, LIAO B B, JIA L Y, et al. Finite element analysis of dynamic progressive failure of carbon fiber composite laminates under low velocity impact［J］. Composite Structures, 2016,149:408-422.

［160］GOMES G F, DINIZ C A, DA C S S, et al. Design optimization of composite prosthetic tubes using GA-ANN algorithm considering Tsai-Wu failure criteria［J］. Journal of Failure Analysis and Prevention, 2017,17(4): 740-749.

［161］CHI H, BEERLI P. On the scrambled sobol sequence［J］. Lecture Notes in Computer Science, 2005, 3516:775-782.

［162］BRATLEY P, FOX B L. Algorithm 659: implementing Sobol's quasirandom sequence generator［J］. ACM Transactions on Mathematical Software, 1988, 14(1):88-100.

［163］周志华, 杨强. 机器学习及其应用［M］.北京:清华大学出版社, 2011: 247-249.

［164］李元, 司明明, 张成. 基于 GA 特征选择和 BP 神经网络的模拟电路故障检测［J］.计算机测量与控制,2014,22(9):2739-2741,2751.

［165］邱添. 基于非线性主成分分析与神经网络的参数预测模型［D］.成都:四川大学, 2007.

［166］贾花萍. 基于神经网络的特征选择与提取方法研究［J］. 办公自动化（综合月刊）, 2008,13(7):34-36.

［167］孙文娟,陈海波,黄颖青. 基于自适应遗传算法的爆炸冲击响应谱时域重构优化方法［J］.高压物理学报,2019,33(5):67-76.

［168］ZHAO J H, ZURADA J M, YANG J, et al. The convergence analysis of SpikeProp algorithm with smoothing L1/2［J］. Neural Networks, 2018, 103:19-28.

［169］陈菁瑶. 基于 GABP 神经网络的 BTA 钻削加工参数的预测研究［D］.太原:中北大学,2018.

［170］ABHISHEK K, DATTA S, MAHAPATRA S S. Optimization of thrust, torque, entry, and exist delamination factor during drilling of CFRP composites［J］. The International Journal of Advanced Manufacturing Technology，2015，76（1）：401-416.

［171］ PALANIKUMAR K，LATHA B，SENTHILKUMAR V S，et al. Application of artificial neural network for the prediction of surface roughness in drilling GFRP composites［J］. Materials Science Forum，2013，2575（766）：21-36.

［172］ YILMAZ S，DEMIRCIOGLU C，AKIN S. Application of artificial neural networks to optimum bit selection［J］. Computers & Geosciences，2002，28（2）：261-269.

［173］ 沈花玉，王兆霞，高成耀，等. BP 神经网络隐含层单元数的确定［J］. 天津理工大学学报，2008，24（5）：13-15.

［174］ 谢远涛. 人工神经网络变量选取与隐藏单元数的确定［J］. 统计与信息论坛，2007，22（6）：9-15.

［175］ 林伟，涂俊翔. 高速钻削碳纤维复合材料加工参数对入口分层的影响研究［J］. 现代制造工程，2015（2）：12-17.